科学图书馆　化学先锋

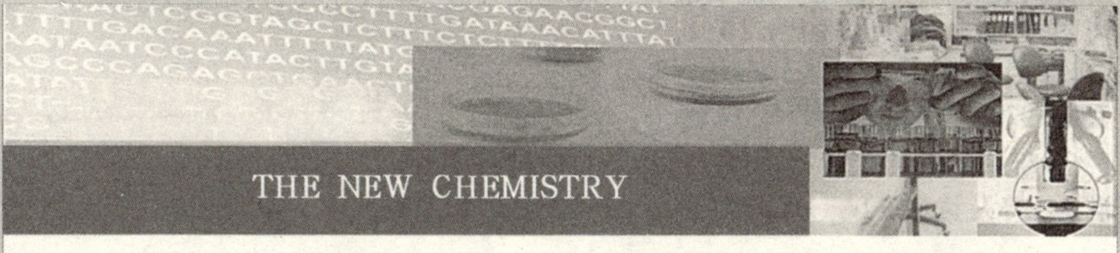

新材料化学

Chemistry of New Materials

[美] 大卫·E.牛顿 著
吴娜　白薇　张永霞　常琳　袁雪梅　王薇 译

上海科学技术文献出版社

图书在版编目（CIP）数据

新材料化学/(美)大卫·E.牛顿著；吴娜等译.--上海：上海科学技术文献出版社，2011.1
(科学图书馆.化学先锋)
ISBN 978-7-5439-4571-5
I.①新… II ①大… ②吴… III.①材料科学-应用化学-普及读物 IV.①TB3-49

中国版本图书馆CIP数据核字(2010)第235363号

The New Chemistry:Chemistry of New Materials

图字：09-2008-289

责任编辑：刘红焰
封面设计：徐 利

新材料化学
[美]大卫·E.牛顿 著
吴娜 白薇 张永霞 常琳 袁雪梅 王薇 译
*
上海科学技术文献出版社出版发行
(上海市长乐路746号 邮政编码200040)
全国新华书店经销
江苏常熟市人民印刷厂印刷
*
开本740X970 1/16 印张10.75 字数154 000
2011年1月第1版 2011年1月第1次印刷
ISBN 978-7-5439-4571-5
定价：20.00元
http://www.sstlp.com

内容简介

新材料化学，力求展现化学领域尖端研究的最新成果；探索新材料的起源，追踪化学家的科研历程。展现在你眼前的这本新材料化学将从化学的视角去分析新型的材料，为您讲述每一类型新材料的发展沿革，同时还包含详细的各类新材料的解读。

目录

前言

中学基础化学课所讲授的内容多半相对陈旧，而且学校之间在内容上大同小异。学生所学的不外乎以下几个方面的内容：原子理论、化学元素周期表、离子和共价化合物、化学方程式书写方法、化学计量以及液体等。对于那些有意在化学和其他科学领域继续攀登的学生来说，这些知识是他们前进的基础和根本。虽然课堂上老师能够准确地突出重点，但是，通常教师向学生所传授的只是化学领域中浩如烟海的众多研究中有限的部分。多数无意在化学和科学领域驻足的学生也会通过化学获得有趣的知识，掌握化学对于他们日常生活方方面面所带来的最直接的影响。确实如此，那些主修科学的学生能够受益于这样的专业。

新化学系列丛书共6册，力求带领读者纵览化学领域的最新资讯，而不拘泥于课本的条条框框。这6册书分别是：药物化学、新材料化学、法医化学、环境化学、食品化学以及太空化学。丛书内容覆盖面广、内容新颖。书中的内容包括化学最基本的领域，诸如物质和宇宙的起源；实际生活中的化学，例如食品和药品的构成。之所以选择“新化学”作为丛书的标题，原因在于本丛书囊括了化学领域最新最尖端的科研成果。丛书面向中学生，因为他们已经通过在校学习掌握了一定的化学基础。丛书的每一册书中大部分的内容可以为具有基础化学知识的人所理解，还有少部分内容需要在掌握化学最新的尖端研究之后才能够领悟。

丛书中每一册书都相对独立，自成体系。因此，读者可以从中任意选择进行阅读和学习。为帮助读者更好地理解书中的内容，每一册书中对于重要人物都附有简短的生平介绍。

简 介

自然的鬼斧神工以无尽的方法将原子和分子结合形成各种物质，人类从中要学习之处真是不胜枚举。但是在大千世界中存在的万千物质之中只有少部分是由自然创造的。这些自然创造的物质为人类创造物质提供了可以借鉴的经验，起到了抛砖引玉的作用。新的物质处在日新月异的不断变化之中，这种变革改变了科学家和工程师创造物质的方式，而他们创造的这些物质将人类文明带入了今天的程度。新材料化学正是展示了这些在材料学领域中一些振奋人心的发现。

人类文明的发展水平很大程度上取决于该文明所处时期的材料的特征和功能。自然向人类慷慨馈赠了大量的材料：例如石头、木材。所以人类从不乏材料来建筑房屋、制造船只、打磨武器、生产工具、设计厨房用品、制作无数日常生活用品。

人类早期已经能够运用多种方式使自然物质尽情发挥作用。人类发现与单独使用其中一种材料相比，将两种或两种以上材料混合生成的物质更加结实耐用，例如泥土和干草混合生成的物质。第一种复合物(composite)由此诞生。许多人类的早期文明都以该时期占主导作用的材料名称来命名，所以出现了石器时代、铁器时代、铜器时代和青铜器时代。这一点充分验证了社会对于自然物质的掌握能力的重要性所在。

许多人类早期使用的新材料都是以所能够发现和利用的自然材料为基础的，例如第一种合金的生成就是仿造火、电和其他能源物质对地表上已知物质的聚合作用而生成的。随着时间的流逝，人类渐渐掌握超越自然的生产合金的步骤和方法。这种模仿和创新并举的方式从一开始就占据了材料研究方法的主流。现如今诸多最优质的新型材料都是通过这种方式生产出来的。材料研究领域最令人振奋的就是生物材料(biomaterials)的发展,这种与有机体体内天然材料相类似的材料在医疗领域有着广泛的用途。

材料研究目前最具有发展前景的领域所密切关注的是自然形成物质中最基本的单位——分子和原子层次。纳米技术(nanotechnology)能够以亘古未有的方式来变革材料化学。科学家首次采用自下而上的顺序从分子和原子层次来合成新物质,从而改变以往的与此层次相反的模式。这项研究不仅能够对计算机科学这样的科技领域的现有材料进行变革,同时还能够为新的化合物的设计和制造提供全新的方式。

材料科学领域中另一颗迅速崛起的新星是智能材料(smart-material)。这种材料可以感知周围环境的变化,并据此改变自身的属性和特征。这是一种人类难以想象的物质。但是在现实生活中已经广为利用,从保证驾乘人员安全的汽车安全气囊到能够对冰雪作出适应性调整的智能化雪橇,还有能够在车辆行驶过程中检测其载重量的水泥路。

即使在那些材料科学领域早已司空见惯的研究中,例如聚合物(polymer)的发展,同样也取得了令人意想不到的骄人战绩。能够传导电流的聚合物的发明使得以往被认为是相互矛盾的物质能够相互结合生成新的物质,这种物质继承了原有物质的优点,同时又兼备导体的特性。与其他材料科学研究领域一样,聚合物的研究也生产出了以往前所未有的分子机构,例如树状聚合物(dendrimers)和超支化聚合物(hyperbranched polymers)。这些物质与自然物质以及以往的人造物质截然不同,以至于科学家对其作用还知之甚少。

1 材料革命

长久以来，人类一直用建造或制作物品所使用的材料来定义各种文明。历史学家常常把人类历史划分为几个阶段，如旧石器时代、中石器时代和新石器时代、青铜时代、铁器时代和后来的塑料时代。

在人类历史的最早阶段，人类和他们的祖先依赖于那些容易获得的天然材料，例如木头、石头和泥土。他们发展了很多把这些材料加工成武器、工具、房屋和日常生活必需品的技术和方法。最早有历史记载的工具可以追溯到310万—250万年前非洲的哈达尔地区。这些由火山岩石制成的工具，可能是用来制造日用品、武器或其他工具的。如果最早的人类制造并使用有机材料的工具，如皮毛或麻绳，它们可能都会烂掉，也就不会有任何痕迹保留到今天了。

早期的材料

泥土可能是人类为制造物品使用和加工的最早的材料，这一进展可能是在人类发现了火，并且控制、利用火的方法成熟以后才出现的。若要把天然泥土做成某种实用的形状（如罐子）就必须将其加热。与柔软的天然材料相比，这种坚实的新材料的用途更加广泛。考古学家认为人造黏土制品的使用或许可以追溯至公元前8000年。

天然金属（如金、银和铜）的使用甚至比最早的石器还要久远。天然金属以游离的形式存在于地表。例如早在公元前8000年的安纳托利亚、公元前 5000 年北美的一些地区以及公元前 2000 年的南美就已经出现了银饰品。据吠陀经文和其他宗教经典记载，人类对金、银、铜、锡、铅和铁的使用(虽然还不是现在的形态)至少可以追溯至 3000 年以前。

当然，最早的人工材料是模仿自然界中的类似材料制成的。例如，天然玻璃是沙子在高温下(如沙土被闪电击中时)受热形成的。可以想象，早期的人类目睹了这一场景，他们决定自己复制这一过程。到公元前 4000年，埃及的工匠们就已经学会了如何制作玻璃珠链和其他物品，虽然制作瓶子之类的实用物品是直到公元前 1500 年才出现的。

冶金学方面的显著突破最早出现在公元前 4000 年的某个时期。冶金学是一门研究金属以及如何提取并把它们转换成有用物质(如合金)的科学。其最初的显著突破就是发现了青铜(最早的合金)的冶炼方法。合金是两种或多种物质(至少有一种是金属)构成的混合物，其属性不同于它的各种成分。青铜是由铜和锡按照至少 9∶1 的比例冶炼而成的，两种金属转化成合金所需的温度较低(稍高于铜的沸点 1 083℃)，当时条件下的冶炼炉即可达到这一温度。

当然，早期的工匠们对青铜形成的化学过程还一无所知。这一过程的第一步通常是把铜和锡的氧化物转化成纯金属。火焰中出现的碳(以木炭的形式存在)是这一过程中的还原剂：

$$2CuO + C \longrightarrow 2Cu + CO_2$$

和

$$2Cu_2O + C \longrightarrow 2CO_2 + 4Cu$$

和

$$SnO_2 + C \longrightarrow Sn + CO_2$$

然后，熔化了的铜和锡再经过固化后成为合金(青铜)，这样生成的合金比铜或锡都更坚实且更易铸造。青铜相对于铜和其他任何天然金属的优势很快便凸显出来，后来的工匠还改进了合金的冶炼技术。随着青铜加工技术在世界范围的传播，合金成了最受欢迎的金属物质，广泛用于制造武器、工具、厨房器具及其他实用物品。虽然青铜冶炼在世界各地盛行的具体时间各不相同，但其广泛传播或许最早可以追溯到公元前 3500 年中东的某些地区。这项技术直到 1 500 年后才传入欧洲。

青铜时代大约一直延续到公元前 1200 年，当时，铁成了可以用来制造物品的新兴金属。与青铜一样，铁可能也是在篝火中偶然形成的，直到很久以后才得以广泛传播。铁矿石在自然界中很普遍，与铜和锡的还原方式相似，铁矿石也可以在相对较低的温度下还原。例如：

$$2Fe_2O_3 + 3C \longrightarrow 4Fe + 3CO_2$$

和

$$2FeO + C \longrightarrow 2Fe + CO_2$$

不过，这样冶炼出来的铁并不实用，因为它像海绵一样软，其中还掺杂着矿渣和灰末。这种铁只有在去除杂质，经过反复捶打变硬后，才能用来制作武器、工具和其他器具。炼铁技术首先出现在大约公元前 1500 年的赫梯帝国，之后传入整个安纳托利亚，最后蔓延到世界上的其他地区。

在之后的 1 000 年里，铁器在世界的大部分地区逐渐取代了铜器。与铜矿和锡矿相比，铁最大的一个优势就是矿藏丰富，因此铁的生产成本也相对较低。相对于铜器，更多的人能够制造或买得起铁制工具。而且，如果采用适当的冶炼方法，铁器可能比青铜更加结实、坚韧。根据杂质(主要是木炭中的碳)含量的多少，铁矿石熔化后的形态也会有很大不同，不过当时的人们还不得而知。的确，在几百年后的工业革命时期，当人们知道了杂质对铁的性能有何影响时，铁才真正成为金属之王。

大约到公元前 500 年，对新材料的发现和发明基本告一段落。伟大的希腊和罗马文明几乎完全依赖于人们 1 000 年来所掌握并发展的材料，如泥土、石头、木头、铜、金、青铜和铁。在这期间，只出现了一项重要的革新，即水工混凝土的发现。水工混凝土是在一种非常古老的建筑材料——石灰砂浆的基础上发展而来的。石灰砂浆是石灰石(碳酸钙)高温受热后，去除二氧化碳留下生石灰(氧化钙)后生成的。

$$CaCO_3\text{(加热至约 900℃)} \longrightarrow CaO + CO_2$$

然后，在生石灰中倒入水，搅拌生成熟石灰(氢化钙)。

$$CaO + H_2O \longrightarrow Ca(OH)_2$$

熟石灰干燥时与空气中的二氧化碳反应，又生成加工成品所用的原材料——石灰石。

$$Ca(OH)_2 + CO_2 \longrightarrow CaCO_3 + H_2O$$

最终产品石灰砂浆是一种出色的建筑材料，而且也可能是人类制造并利用的第一批材料。罗马人找到了改进这一过程的方法，最终使产品更加结实、耐用。他们发现向其中添加一些物质，尤其是铝和硅的氧化物，可以大大提高石灰砂浆的建筑性能。改进后的产品即为水工混凝土，罗马的工程师们将其应用于帝国的各种建筑工程中。例如，罗马椭圆形竞技场、罗马万神殿、卡拉卡拉浴场，至少还有一个重要的引水渠(嘉德水道桥)都是用水工混凝土建成的。甚至在 2 000 年后的今天，当时的许多建筑仍然保存完好，甚至有些还在使用，这足以证明水工混凝土的结实耐用。

现代化学的诞生和新材料的发现

随着罗马帝国的衰落和中世纪的临近，建筑材料领域几乎没有取得进展。而且，有些技术已经失传，或者说被彻底遗忘了。例如水工混凝土就几乎没有再在建筑中使用过。直到 18 世纪末，英国一位名为约瑟夫·亚斯普丁(Joseph Aspdin，1779—1855)的石匠才又重新发现了制造、利用这种材料的技术。1824 年，亚斯普丁为这种制造水工混凝土的方法申请了专利，这就是后来的波特兰水泥。几乎没有任何证据表明，亚斯普丁懂得水泥生产背后的化学原理，但是他的这一重新发现使水泥作为一种建筑材料再一次得到广泛的应用。

到 19 世纪晚期，人们对全新人造材料的探索兴趣开始渐渐增长，这一转变背后的强大推动力是化学中兴起的新学科——有机化学。起初，有机化学的研究受到很大限制，而且没有挑战性可言。有机化学家们只注重研究动植物体内的化合物,而不是无机物或非生物。他们所认为的挑战是发现生物有机体中存在哪些化学物质、这些化学物质含量多少以及化学结构怎样等等。当时,有机化学和无机化学的主要区别在于,前者的研究人员不必人工合成他们在生物有机体中发现的那些化合物,而仅需对这些化合物进行分析而已。

有机化学的这种研究方式要归因于有关有机物和无机物本质的一些哲学观点。当时,哲学家和科学家们认为构成生物有机体的物质极其特殊,它们与无机物(如岩石和金属)的构成成分存在着明显的差别。他们认为有机化学物质存在某种特殊性质,即造物主赋予的某种"生命气息"。在这种生机论的影响下,任何一位化学家试图制造有机化合物都会被当做是荒谬之举,甚至是亵渎神明。

1825 年,德国化学家弗里德里希·维勒(Friedrich Wöhler)(1800—1882)有了一个惊人的发现。维勒在加热一种较为普通的无机矿石氰酸铵(NH_4CNO)时,得到了另一种化合物——尿素[$(NH_2)_2CO$]。这一发现的显著之处在于尿素是一种有机化合物,而且普遍存在于许多动物的排泄物中。从二者的表达式中我们可以看出,加热氰酸铵能够引起成分的重组,从而产生尿素。获得这一发现后不久,维勒写信给当时的顶尖化学家琼斯·雅各布·贝采里乌斯(Jöns Jakob Berzelius)(1779—1848),信中写道:"我必须告诉你,我可以不用借助肾脏或是任何动物,不论是人还是狗,就可以得到尿素。"贝采里乌斯回信说:"这真是博士先生作出的一项非常漂亮的重要发现。获知这个消息,我的喜悦之情溢于言表。"

但是,如果有机化合物只能通过超自然的行为形成,那么如何才能得到这样的结果呢?这个问题只有两种答案:要么维勒本人就是造物主(对于这一点,大多数科学家都会强烈反对),要么就是传统的生机论是错误的。

当然,仅仅一项实验还不足以推翻长期存在的传统理论。即便如此,维勒的工作还是促使其他化学家思考合成新的有机化合物,这在过去来看简直是浪费时间的事情。不久,这些化学家也得出了相似的结果。他们开始在实验室里人工合成从前只存在于活着的动植物或其制品中的化合物。人们很快发现,从化学角度看,有机化合物根本没有任何"特殊"之处,它们可以通过化学家熟知并广泛应用的各种反应过程来获得,而且很显然,它们也适用于化学家已知的所有规律和原则。

一扇闸门被打开了,化学家们突然间发现了一个崭新的研究领域——人工合成生物体中的有机化合物,甚至还有更重要的,合成与动植物体内化合物相似但自然界不存在的其他化合物。

有机化学的早期工作大部分关注的是几乎没有实用性的问题,化学家对存在于生物体内或与之相近化合物的人工合成十分着迷。然而在不久后,有机化学家开始意识到他们的工作可能对工业以及人们的日常生活产生影响。

这一研究的经典事例是英国化学家威廉·亨利·博金爵士(Sir William Henry Perkin,1838—1907)发现了一种染料(即现在人们熟知的马尾紫)的制作方法。1856 年,18 岁的博金师从当时位于伦敦的英国皇家化学学院院长——伟大的德国化学家霍夫曼(August Wilhelm von Hoffmann,1818—1892)。十多年来,霍夫曼一直潜心研究煤焦油在新型化学物质生产中的作用。19 世纪初期,煤气照明工业的发展产生出大量的副产品——煤焦油,此后煤焦油便成为一种充足、廉价的原材料。

霍夫曼建议学生们进行从煤焦油中提炼奎宁的可行性研究。奎宁是一种治疗疟疾的珍贵药物。博金接受了这项任务,他试图把烯丙基甲苯胺和苯胺(煤焦油的衍生物)转化成奎宁,但没有成功,不过他注意到,在做苯胺实验时,反应烧瓶的瓶底残留着一层丑陋的黑色沉淀物。出于对这些残渣的好奇,博金向瓶内添加了乙醇(普通酒精),当沉淀物在酒精中溶解的时候,生成了一种美丽的深紫色溶液。

这种颜色如此特别,博金想到是否可以把这种物质当做染料。1856 年,博金将这种化学物质的样本送到位于珀斯的普勒斯染料公司,公司认为这种染料似乎具有较大的商业潜力。博金马上为其申请了专利,这一染料随即便在英国尤其是法国等地流行开来。实际上,是法国人为这种染料取了它现在的名字"马尾紫"(法语词,是一种与之颜色相近、名为茜素的天然染料的原材料）。由于马尾紫在商业领域取得了巨大的成功，因此人们把 19 世纪 90 年代称为“紫红色十年”。

博金的发现之所以重要，不仅仅是因为他找到了一种非常有用的新型染料。首先，博金（在其父亲的协作下）开办了一家化工厂，大规模生产马尾紫这种染料。他们的生意非常成功，因此年轻的博金在 1874 年刚刚 35 岁的时候就可以不用打理工厂的业务，全身心地投入到自己感兴趣的化学课题的研究工作中。其次，博金的成果激发了英国以及欧洲大陆许多化学家的研究热情，促使他们去寻求更多具备潜在利益的合成染料。之后的 10 年中，很多染料被人们发现、申请专利并投入生产。例如，1859 年，法国化学家伊曼纽尔（Emanuel Verguin，1814—1864）发现了一种含有三苯甲烷化合物的染料，并将其命名为马真塔（源于意大利北部一个城镇的名字，拿破仑三世当时刚刚在那里取得了战役的巨大胜利），即我们今天熟知的品红。10 年间，其他合成染料，如苯胺黑、俾斯麦棕、茜素、靛青、亚甲蓝、亚甲绿、刚果红和报春花灵黄等也都被陆续发现，其中有些染料仅在发现数月内便投入了生产。

这些发现的重要性不仅在于某一新化合物的问世，而更是在于这些新的化合物改变了染料工业的本质。自人类文明产生以来，人们一直依赖天然物质（动植物）作为衣物和其他织物的染料。随着“紫红色十年”的到来，合成染料迅速以低廉的价格占领了市场。

“紫红色十年”里诞生了有机化学的另一分支——聚合物化学，这一研究领域对新材料的发展产生了巨大的影响。聚合物化学主要研究大型分子，这些分子中包含有成百上千的重复单位——单体。如今，最为常用的一种聚合物也许是塑胶。

第一个真正意义上人工合成的聚合物可能是在 1865 年由英国发明家亚历山大·帕克斯（Alexander Parkes，1813—1890）制造出的一种材料。帕克斯让纤维素（一种天然聚合物）与硝酸产生反应，然后将反应物（硝酸纤维素）溶解在酒精、樟脑和蓖麻油的混合液中，帕克斯将反应物称为“帕克斯恩”或“赛璐珞”。虽然这种材料具有很多优点（例如在一定温度时，易于塑形），但因其价格昂贵，因而并没有获得商业上的成功，或许更重要的原因是人们对这种材料的使用方法不大了解。

10 多年后，美国发明家约翰·韦斯利·海厄特(John Wesley Hyatt, 1837—1920)重新发现了帕克斯的这一发明。当时，海厄特正试图赢取台球制造商菲兰克伦德公司提供的 1 万美元奖金。以前的台球都是由天然象牙制成的，然而，由于人们对非洲象群的迫害，象牙越来越不容易获得。当时，菲兰克伦德公司正在寻找一种廉价的替代品。当海厄特找到(与帕克斯的方法几乎完全相同)将硝化赛璐珞在酒精、乙醚和樟脑的混合物中溶解的方法时，便得到了象牙的替代品，并将这种物质命名为“赛璐珞”。虽然他没得到那 1 万美元奖金，但是后来为此以及其他发明获得了由化学工业学会授予的博金斯奖章。

不过，一些历史学家对此却持有否定态度，他们认为第一项真正意义上合成聚合物的发明者应该是美籍比利时化学家贝克兰德(Leo Hendrik Baekeland, 1863—1944)。他们指出，帕克斯和海厄特发明的“帕克斯恩”或“赛璐珞”源于一种名为“纤维素”的天然物质。因此认为这种聚合物并不完全属于人工合成，而贝克兰德的产品则恰恰相反。

1900 年，贝克兰德开始研究寻找一种虫漆的替代品。虫漆是昆虫分泌出的一种光亮、黏稠的液体，广泛用作坚固的透明涂层。在一次实验中，贝克兰德将两种有机化合物——苯酚(C_6H_5OH)和甲醛(CH_2O)进行反应，结果生成了一种浓重的黏性物质，而且找不到相应的溶剂。如果没有溶剂可以将其溶解，这种坚硬、结实的高密度材料显然无法替代虫漆。贝克兰德把这种材料命名为贝克莱特，即酚醛塑料，他认为这种不易溶解的特性日后可能会派上其他用场。到 1909 年，贝克兰德已经找到了一种生产苯酚-甲醛材料的方法，并将其塑造成理想的形状，当成品冷却凝固后，可以保持形状，并且能够防水以及抵御其他大部分化学物质的腐蚀。同时，它还是一种绝缘材料。这种材料成了制造众多产品的理想原料，从收音机盒体到高压电线上的绝缘帽。贝克兰德开设了自己的公司——大众贝克莱特公司，由于第一次世界大战的战事需要，该公司迅速获得了巨大的成功。

尽管有贝克兰德的成功，但真正意义上的聚合物时代还是20年以后的事情。20世纪20—30年代见证了许多聚合物新材料（"塑料"）的发明和商品化。今天，大部分的消费者都把这些材料当成必不可少的生活用品，其中包括脲醛塑料（1923）、聚氯乙烯（PVC；1926）、聚苯乙烯（1929）、尼龙（1930）、聚甲基丙烯酸甲酯（丙烯酸树脂；1931）、聚乙烯（1933）、密胺塑料（1933）、聚偏二氯乙烯（莎纶™；1933）、多乙酸乙烯酯（PVA；1937）和四氟乙烯（特氟纶；1938）。

虽然许多人可能并不认为21世纪是塑料时代，但是具有商业价值的新型聚合物的发明和发展仍在持续，其发展的步伐也极为迅速。美国及其他国家每年都要为新型聚合物产品颁发几十项专利，这些产品通常都具有十分独特的性能及用途。

约翰·韦斯利·海厄特（1837—1920）

孕育万物的大自然为人类提供了精彩纷呈的天然物质，其中的一些向我们展现了一系列可能的自然属性，当然也就拥有了无穷无尽的用途。然而，人类发明家却总是在试图超越自然，制造更耐用、更廉价、更吸引人或比"真东西"更受欢迎的人工合成品，塑料150多年的发展史就是很好的证明。塑料工业最早的先驱者是发明家约翰·韦斯利·海厄特（John Wesley Hyatt），他毕生都致力于研究设计更为出色的新材料，并不断改进新材料的加工方法。

1837年11月28日，海厄特出生在美国纽约的斯塔基。他只在耶茨镇接受过基本的小学教育，16岁时便迁往伊利诺伊州。在那里，海厄特主要从事印刷工作，后来渐渐沉醉于发明创造。24岁时，海厄特凭借设计的磨刀装置获得了自己的第一项专利。

此后不久，海厄特回到了故乡纽约州，定居在阿尔巴尼地区。在那里，他联手两个兄弟查尔斯和艾赛亚创建了多家公司，其中包括阿尔巴尼齿板公司、赛璐珞制造公司和阿尔巴尼台球公司，这3家公司都是在他的著名发明——赛璐珞的基础上发展起来的。

19 世纪 60 年代初，海厄特受到纽约市菲兰克伦德公司提供的 1 万美元奖金的吸引，开始探求天然象牙的合成替代品。他对亚历山大·帕克斯发明的“帕克斯恩”有所了解，那是从赛璐珞、硝酸、酒精和樟脑的混合物中提炼的一种化合物。海厄特找到了一种可以更稳定、更廉价地制造帕克斯恩的方法。虽然这一成果没能让他获得菲兰克伦德公司的奖金，却促使一项健康的新工业的诞生——赛璐珞的生产（他自己命名的产品）。赛璐珞很快成为各种消费品的加工原料，而且十分受人欢迎，这其中不仅有台球，还包括梳子、衬衫领口、袖口箍带、婴儿嘎嘎作响的玩具、多米诺骨牌和相片胶卷等。

海厄特一生共获得了 200 多项专利，其中包括各种各样的材料和装置。除赛璐珞以外，他还发明了一种由骨头和硅石制成的材料，并将其命名为骨硅，这种材料后来被用来制作台球、纽扣、刀柄和其他物品。1881 年，他发明了过滤流水的系统装置，至今仍广泛应用于美国和欧洲。晚年的海厄特依旧非常活跃，63 岁时还获得了一项缝纫机的发明专利，这部机器可以同时进行 50 次双线连锁缝纫。1920 年 5 月 10 日，海厄特在新泽西州的修特山逝世。

需求中的新金属

19 世纪后期得到迅猛发展的化学领域不仅局限于有机化学，科学家们也开始以全新的视角看待为满足各种工业需要而特别设计的金属材料的生产。开始于 18 世纪后期的工业革命对新材料提出了很多需求，使许多曾经直接依靠人力的过程实现了机械化。也许冶金中没有哪一项的发展会像新合金的设计发明那样迅速。

合金材料包含两种成分，其中至少一种应为金属，而且合金具有与其构成成分不同的特性。人类早期了解并使用的大部分合金，如青铜、黄铜和锡铅合金都是在偶然情况下发现的。然而到了 19 世纪晚期，科学家们开始意识到自己有能力发明各种合金，以满足当时大量制造的金属制品所需要的特性。首先，他们将注意力集中在铁合金上。

早在公元前1200年,世界上一些地区的人们就已经知道并使用铁来制造产品。这一时期使用的铁大多为“熟铁”,熟铁是一种纯度相对较高的铁,仅含有1%的碳——铁中最常见的杂质。铁在柔软的时候,可以用捶打的方式非常简单地去除其中的碳和其他杂质。这样的产品虽然具有很多优点,但劳动强度很大,而且只能用来制造某几种类型和形状的铁制品。

早在中世纪,人们就已经知道了高温下加工铁的另一种方法,但是达到这种高温的技术尚未成熟,因此这一方法并未得到广泛的应用。采用这种方法制成的铁被称为“铸铁”,与熟铁相比,铸铁中含有更多的碳杂质(大约为5%),硬度更大。遗憾的是,它远不如熟铁耐用,也更脆弱(弯曲时很容易折断)。

到了19世纪中期,科学家和工厂主们终于开始认识到,碳和其他杂质对铁的性能会产生影响。他们意识到用于建筑工程中的铁要含有足够的碳,以使其结实且具有延展性,但其含碳量也不能过高,以免导致铁过于脆弱。很快,这种在铁中加入适当碳元素的材料,被人们称为“钢”。在当时人们使用的大多数种类的钢中,恰当的含碳比例约在0.1—0.5个百分点之间。找到一种含碳比例恰当的炼钢方法,成为发明家们面临的艰巨挑战。首次在这一研究中取得重要突破的人是英国冶金学家亨利·贝西莫爵士(Sir Henry Bessemer,1813—1898)。1855年,贝西莫发现向熔化的铁水中吹入热空气可以炼出含碳比例适当的钢。铁中碳杂质的燃烧能够产生足够的热量使铁熔化,以利于铁水的浇铸。这种“空气加热”的方法一次性解决了两个难题:首先,去除了铁水中比例合适的碳杂质;其次,采用这种方法铸造的铁,可以被塑造成人们想要的几乎任何一种形状。贝西莫也因此改进了钢铁的冶炼方法。

◀亨利·贝西莫爵士(1813—1898)▶

虽说有些过于简单化,但我们还是可以说18世纪开始于英国的工业革命主要依赖于两种材料所取得的进展：一种是煤，为开动各种新型机器的蒸汽发动机提供燃料；另一种是钢，这些机器的制造原料。因此，亨利·贝西莫(Henry Bessemer)发现的这种高效、廉价，又可以大量冶炼优质钢的方法，便成为新工业生产方式发展的主要因素。

1813年1月19日，贝西莫出生于英国赫特福郡的查尔顿。他的父亲是一位工程师的儿子，他继承了其父辈对发明创造的兴趣。贝西莫17岁时的第一项发明——印花契据设备——为英国政府每年节约10万英镑(约45万美元)的开支。然而，令贝西莫失望的是，政府并没有为贝西莫的发明支付任何报酬。

虽然贝西莫很失望，但他仍继续进行新的发明创造，后来共获得了110项专利。这些发明中包括制作铅笔芯所采用的压缩软石墨(铅)灰的方法、在天鹅绒上饰以浮雕用来制作豪华壁纸的方法、生产人造黄铜粉末用于在皮件上印制纹饰的机器、用来榨取甘蔗汁的水压设备、用来使矿井通风的蒸汽动力扇，以及能够生产薄玻璃片的特殊熔炉。

贝西莫发明的炼钢方法源于他在19世纪50年代的一项早期发明——一种新型炮弹。他制作的这种炮弹增加了发射过程中的旋转设计，这会使其射程更长且更加准确。虽然英国政府没有对这种炮弹产生兴趣，但是贝西莫说服了法国军队尝试一下他的这一发明。结果炮弹的效果很好，但是法国方面称他们的大炮的坚实程度不足以发射这种新型炮弹。这种炮弹与大炮之间必须贴合得十分紧密，因而他们的大炮经常在发射时发生爆炸。贝西莫意识到这种炮弹若想有用武之地，他就必须发明一种更坚固的新材料用来生产大炮。

问题是当时使用的大炮是由含碳量相对较高的铸铁制成的。铸铁虽然很坚硬，但非常容易折断。当时唯一可以替代铸铁的是近乎于纯铁的熟铁。然而熟铁并不适合制作大炮(或者几乎任何东西都不适合)，因为这种铁太过柔软。

钢是介于二者之间的理想材料，其含碳量比铸铁少，但高于熟铁，兼具了铸铁的硬度和强度以及熟铁的耐久力等优点。但问题是还没有人发现一种方法可以廉价、高效炼制含碳量正好的钢。

贝西莫打算向熔化的铸铁中吹送空气。他知道空气中的氧气会与铸铁中的碳发生反应，从而产生一氧化碳和二氧化碳。如果气流能得到精确的控制，他就可以任意增减其中的含碳量。这样，就可以炼制出一种介于铸铁和熟铁之间含碳量适合的钢。

贝西莫的同事几乎都不相信他的这个想法。他们警告他，向熔化的铸铁中吹冷气，会使铁因冷却而过早固化。那样的话，整个过程就会无果而终。然而，在贝西莫实际的操作过程中，他得到一个惊喜的发现。熔化的铸铁非但没有被冷却，而且气流还提高了混合物的温度。他的那些批评者们忽视了一点，就是当氧气与碳结合时会释放热量，这种反应一旦开始就无需外界添加热量。结果，因其能够以比从前低得多的成本炼制出具有精确碳含量的钢，贝西莫的鼓风炉获得了巨大的成功。贝西莫在 1857 年获得了此项发明的专利，并且建立了亨利·贝西莫公司来销售这种新产品。公司在运营的前两年，即 1858—1859 年处于亏损状态，但局面很快得以好转，并获得了巨大的盈利。

出于对贝西莫众多成就的认可，英国皇家学会于 1879 年批准他为特别会员。同年，维多利亚女王授予他骑士爵位。贝西莫于 1898 年 3 月 15 日在伦敦逝世。

贝西莫的方法虽然很重要，但却仅仅炼制出一种钢——碳钢。碳钢的主要成分是铁，人们可根据所需要的不同特性而增减铁中的碳含量。如今的碳钢分为多种形式：如高碳钢、中碳钢、低碳钢、极低碳钢和超低碳钢，各自的碳含量都不尽相同，从最高的大于 0.5%到最低小于 0.015%不等。

然而不久后，冶金学家们意识到，除了碳元素，铁还可以与其他物质生成合金，而且这种合金具有许多特殊用途所需的理想特性。例如在 1868 年，苏格兰冶金学家罗伯特·弗瑞斯特·马歇特(Robert Forester Mushet，1811—1891)发明了一种方法，通过向贝西莫实验中的铁中添加少量钨，得到了一种在常温下硬化的合金，这种合金比各种碳钢的硬度都更大、更坚韧,而且其使用寿命是贝西莫炼出的钢的5—6倍。马歇特将自己的发明命名为罗伯特马歇特特制钢,并将其推向市场。这是第一种特别为工具加工和使用而设计的钢材,是现代高速生产的钢材的前身。

早在1819年,铬合金钢材就已经由英国化学家迈克尔·法拉第(Michael Faraday,1791—1867)和伦敦刀具制造商约翰·斯托达特(John Stodart)构想出来,并进行了批量生产。60年后,铬钢在法国得到商业化生产,主要用于装甲板的制造。不过,到目前为止,最重要的铬合金钢——不锈钢——是由英国发明家哈里·布里尔利(Harry Brearley,1871—1948)在1912年发明的。布里尔利在想方设法去除枪管上的锈迹时,偶然发现在钢中添加少量的铬,就可以大大增强材料抗氧化的能力。他将自己的发明命名为不锈钢。

到1900年,市场上已有多种钢材出售,例如含有碳、钨、硅、锰、钴、镍和其他金属的铁合金。钢材作为建筑材料开始普及,其年产量从1870年的50万吨猛增到1899年的2 800万吨。钢合金的成功还增加了投资者对其他种类非铁合金(不含铁的合金)的兴趣。第一种非铁合金是由德国工程师阿尔弗雷德·维尔姆(Alfred Wilm,1869—1937)发明并于1908年申请专利的硬铝。维尔姆发现,把铝与3.5%的铜、0.5%的镁和0.5%的锰相混合,铝的硬度和延展度(材料的抗折断程度)会得到明显的提高,但其密度仅有少许增加。很快,这种合金就在飞机和轻于空气的飞船制造业(如齐柏林飞艇)中得到广泛的应用。

为工业带来转变的另一种合金是由年轻的美国工程师阿尔伯特·玛希(Albert Marsh,1877—1944)在1905年发现的镍铬铁合金。这是一种镍和铬的合金,非常结实、柔软(可以被拉成金属丝),而且具有很强的抗氧化性,在低导电率下很容易熔化。这些性能使其成为特殊用途的理想材料:用于制作烤箱的电热线。

几百年来,人们一直采用原始方法烤面包,即把一片面包简单地放在火上烤。到了20世纪初,发明家一直设想用电流产生热量替代明火来烤面包,但是没有人能够为这种新式面包机找到适合做电线的金属。托马斯·爱迪生(Thomas Edison)曾为此花费大量时间用各种电线进行实验,但结果均未成功。玛希的发现使这一难题迎刃而解,使如今美国几乎家家厨房必备的电烤箱成为现实。

材料研究的未来

正如本章所描述的那样,传统材料科学领域中的研究工作现在仍在进行,而且未来也必定会继续。化学家们每年都在合成数以千计的有机化合物和多种合金,其中很多在日常生活中都具有开发的潜力。不过,研究的主要方向还是新型材料的合成,其中一些与自然界对应材料相似(如复合材料和生物材料),而另一些则与天然材料少有或毫无联系(如智能材料和光学材料)。最具革新意义的是,科学家们开始探索运用完全不同的方法来合成新的材料,即从单个原子和分子入手。这种过程在自然界里十分普遍,但人工合成却是在最近几十年才取得的进展。这些新材料的出现,预示着人类文明崭新时代的到来。

在最激动人心的研究领域中,包括了人们对复合材料的研究。复合材料是一种由两种或多种成分构成,并且与单个元素性质不同的材料。复合材料促使众多领域发生了重大的变革,如运动、娱乐、空运和军事设备。另一活跃领域中的研究人员正在关注着生物材料,这是应用在生命体系中的一种合成或半合成产品。目前,研究人员正在开发人工皮肤、血液、神经和其他机体组成部分,可用于修复坏损的组织。纳米技术可能是所有材料研究领域中最具突破性的一项,该领域内的研究人员主要研究那些与原子、分子类似的微小物质。而智能材料是材料科学家们感兴趣的另一主题。智能材料如同拥有"自己的思维",能够对诸如温度和压力等变化作出"聪明"的反应。最后,随着许多具有显著物理和化学特性的全新材料的发现,聚合体化学又一次成为研究的焦点。

2 复合材料

竹秆、泥砖、辐射形钢纹轮胎、玻璃纤维的钓鱼竿、钢筋混凝土和航天飞机上的隔热瓦有什么共同之处呢？答案是这些材料都是复合材料。复合材料是由两种或两种以上成分组成的材料，它具有组成成分的所有属性，而又不同于并优于其中任何一种成分。例如，今天许多游船的船身都是由一种叫做增强塑料的复合材料制成的，增强塑料里含有玻璃、塑料、碳和一些其他种类的纤维。与制成它的纤维或塑料相比，复合材料具有更坚硬、更耐用、且密度小的优点。

这些特性都是人们非常期待的，现在美国每年生产大约 30 亿磅(14 亿千克)的复合材料，这些产品均出自大约 2000 家工厂里的 15 万多名员工之手。其中，大约 2/3 是由聚酯纤维或乙烯酯塑料里的玻璃纤维制成的，其余的 1/3 含有多种混合物。

复合材料的性质

复合材料的两种主要成分是母体和填充物。母体是提供主体、形状和容积的材料，它将材料聚集在一起。填充物是内嵌在母体内的材料，它决定了母体的内在结构、增加了母体的物理属性。在任何一种复合材料中，填充物的属性都补充和增加了母体的属性；反之亦然，母体的属性也对填充物的属性有所补充和增加。例如，在增强塑料里，纤维填充物有很强的张力，但是它们很脆；相反，内嵌纤维的塑料母体有很好的耐弯曲能力,但张力很差。由纤维和塑料制成的复合材料结合了这两种成分的优点,既有很强的张力(取决于填充物),又有很好的弯曲度(取决于母体)。另外,这种复合材料和其他大多数的复合材料还具有其他理想的性质,如低密度、很高的抗磨损和劳损的能力。

填充物有多种形式,包括微粒、纤维、薄片和强化水晶。强化水晶是如同微小纤维一样的独立晶体。在游船的例子中,玻璃、塑料、碳或其他纤维构成了填充物,而塑料是它的母体。

复合材料的一个显著特点是在它们的母体和填充物之间有明显的界限。也就是说,两者是异质的。从这个角度来说,它们不同于合金。合金是由两种或更多的金属完全地相互混合而形成的一种同性质的混合物。例如黄铜,一个人不可能辨别出制成这种合金的铜和锌,而在制造游船的复合材料里,玻璃纤维或其他的纤维填充物和塑料母体可以被清楚地分辨出来。

在一些复合材料里,填充物和母体相互之间有着直接的联系。以自然界中的沉积岩为例,鹅卵石和小岩石(填充物)内嵌在砂岩母体内。然而,许多复合材料在填充物和母体之间都有一个中间状态,叫做中间相。例如在叠层(分层的)复合材料中将填充物和母体连在一起的黏着物就是中间相。

填充物和母体(及中间相)赋予复合材料的属性经常会因材料内部结构的变化而增加。例如,产品或其中的一个部分可以被制成气泡或形成蜂窝状,以便在降低密度的同时增加产品的强度。

复合材料的研究者们更关注他们所研究材料的各种物理属性,其中一些属性包括强度、韧度、耐磨度、抗热和抗电属性。在许多情况下,最重要的属性是密度。当其他因素相同时,通常最好的状况是高密度对高强度、高密度对高韧度,或者比率相近。此时,韧度是指材料通过弯曲来吸取能量而不受破坏的能力,否则它的形状属性就会发生改变。例如在飞机和汽车设计中,一个重要的目的就是使机身或主体上每千克材料都达到最高强度和韧度。在这方面,现代许多的复合材料都远远优于传统上用于机身、机翼、发动机、车身以及机动车其他结构部分的金属和合金。

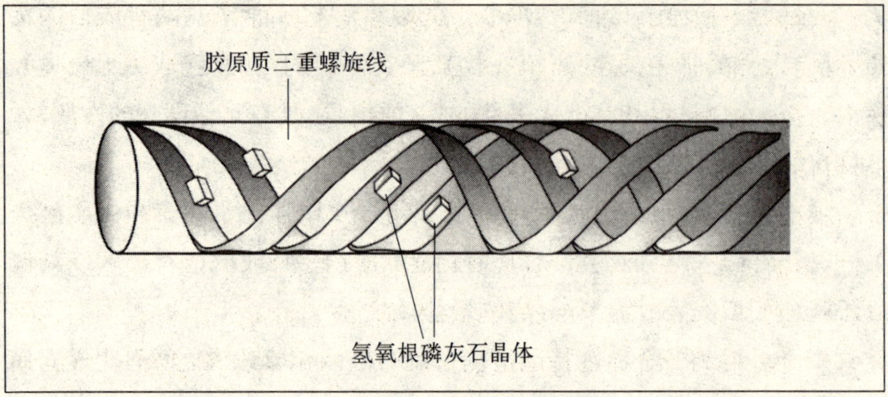

分布有凝结的碳磷灰石的胶原质

自然界中存在着丰富的复合材料，其中最常见的两种是骨骼和木头。骨骼是一种非常复杂但结构有序的材料，至少有两层合成结构。这两层结构中较为基本的一层含有内嵌在蛋白质分子母体内的无机填充物。无机填充物是一种平面晶体形状的矿物磷灰石[$Ca_5(PO_4)_3(OH,F,Cl)$]。这种晶体与牙齿中的氢氧根磷灰石[$Ca_{10}(PO_4)_6(OH)_2$]类似，大大决定了它们的韧度和强度。但是这种矿物的骨质成分是被碳化了的并含有如钠离子、镁、钾和二磷酸盐离子（HPO_2^{2-}）等杂质。它的分子式与矿物碳磷灰石[$Ca_5(PO_4,CO_3)_3F$]的分子式相似。这种矿物很坚硬，据估计它的杨氏模量值为 110 千兆帕斯卡。杨氏模量是用来测量一种材料在外力作用下，破损前所能承受的变形程度的单位。对比一下，铝金属的杨氏模量大约是 70 千兆帕斯卡，黄铜大约为 110 千兆帕斯卡，而不锈钢大约为 200 千兆帕斯卡。

骨骼中结构层次较低的母体是蛋白胶原质，胶原质是动物体内最丰富的蛋白质。如上图所示，它由三重螺旋线组成，这三重螺旋线由三根长管状多缩氨基酸分子相互缠绕而成。每条多缩氨基酸链由大约 1 000 个氨基酸构成，其分子量约为 100 000。胶原质是一种很软、易弯曲但不很坚硬的材料，杨氏模量值约为 1.2 千兆帕斯卡。随着碳磷灰石晶体在胶原质分子束之间凝结，复合骨质材料就形成了。这些晶体逐渐向外生长，取代原来分布在胶原质分子间的水分子，直到形成连续的薄片。这些薄片的作用就是胶原质材料的填充物，保障其强度和韧度。

这种骨模型作为一种复合材料,虽然就其本身而言是正确的,但还存在不足。真正的骨骼强度的测量与碳磷灰石胶原质模型预测出来的强度并不一致。现在,研究者们认为,必须考虑用更高层次的结构来解释骨复合材料的效果。在这种更高的层次中,骨骼里的填充物被认为是一种中空的结构,叫做骨单位(也称哈弗斯系统),它内嵌于由黏多糖组成的母体中,黏多糖是单体为糖分子、氨基糖和糖醛酸(单糖变体)的多糖。这种材料在结构上与钢筋混凝土的结构大体相似,因为混凝土中含有钢筋。研究者们目前正在尝试计算骨单位黏多糖复合材料的预测强度,并将它和观察值进行比较。

像骨骼一样,木头是由少数基本材料组成的一种复杂的合成品,主要包括纤维素、木质素和半纤维素。纤维素是一条很长的葡萄糖聚合物链。随着植物的生长,纤维素分子像晶体一样非常有序的排列,形成微原纤维,它们聚集在一起形成更大的结构,即原纤维,纤维素大约占木头质量的一半。如同增强塑料里的玻璃纤维一样,纤维素原纤维具有很强的张力,因而具有很强的伸缩性。

木质素是苯基丙烷的 3 次聚合物,其中很多组可以被丙烷链里的 3 种碳原子(碳 α、β 和 γ)的任何一种所替代。半纤维素是一种聚合程度稍低的纤维素。木质素和半纤维素这两种材料构成了内含纤维素纤维的母体。随着植物的生长,木质素和半纤维素链也不断生长,将纤维素微原纤维束连接在一起。如增强塑料里的塑料一样,这些链将原纤维连在一起从而提高了成品的坚硬程度。

骨骼和木头只是自然界中众多复合材料中的两个,其他的还包括牙齿、贝壳、陆生动物、植物结构和昆虫的外壳。在任何情况下,母体和填充物的特性相结合形成了坚硬、耐用、易弯曲的材料,被生命有机体用于各种用途,从而使自然过程得以进化。

人类历史上的复合材料

也许人类最早使用的人工复合材料便是砖,砖是稻草和黏土经过加热、烘干后形成的混合物。最早的砖仅仅由黏土制成,因此理所当然地被叫做泥砖,是人类使用的最早的建筑材料之一。黏土这种原材料在世界上大部分地区都很普遍,湿的时候很容易形成一定的形状,并且在多数用途中能够保持足够的硬度。例如,房屋墙壁中处于主导的力是向下的,干土可以很好地抵抗这种压力,但却经不住旋转和弯曲的力量。如果用力敲打泥砖的一头,很容易造成墙壁的倒塌。

经过反复试验,人们发现可以通过添加稻草的方式来改变泥砖的属性。稻草容易弯曲,并且具有很强的张力,它可以从一头弯曲或被拉到另一边而不易断开或撕裂。通过在湿泥中加入稻草并将混合物烘干,人们便可以利用稻草的伸展性和弯曲度(也叫做破裂系数)来增加黏土的抗压能力。因而,最终生产出的复合砖的性能优于建筑中使用的纯泥砖。

高级复合材料

纵观历史,研究人员开发出的人工复合材料几乎没有,但法国发明家约瑟夫·莫尼尔(Joseph Monier,1823—1906)的发现是个特例。他发现当水泥被铺砌以后,在其中加入钢杆可以极大地增加成品的强度。这一发现开拓了钢筋混凝土的时代,使之成为全世界至今仍广泛使用的建筑材料。

复合材料的现代时期可以追溯到 20 世纪 40 年代,当时有很多因素促进了大量新材料的快速发展,而其中最重要的可能是第二次世界大战对各种新材料的需求。特别是在飞行器和射弹的生产中,人们需要比现有材料强度更大、质量更轻的新型材料。与此同时,聚合物工业的发展提供了一些所需要材料,起到了从传统材料向新型材料转变的作用。最后,化学工业本身在战争期间和战后都经历了巨大发展,这也为新型复合材料的生产提供了范围更广的材料。

◀斯蒂芬尼·克沃勒克(1923—)▶

20 世纪 40 年代标志着聚合物化学时代的开始。在接下来的几十年里,酚醛塑料、尼龙、人造丝、赛璐珞、聚乙烯氧化物、聚乙烯、塞纶以及铁氟纶等新材料的发现，使化学公司坚信随着无数惊人的新"奇迹"材料的出现，上述产品会拥有激动人心和利益丰厚的前景。因此，世界各地的研究部门开始开发可以满足各种特殊需要的新型材料。斯蒂芬尼·克沃勒克（Stephanie Kwolek）就是一位在该领域获得成功的化学家。

1923年7月31日，斯蒂芬尼·克沃勒克出生在宾夕法尼亚的新肯辛顿。10岁时，父亲去世，母亲在美国铝业公司（Alcoa）工作以维持生活。高中毕业以后，克沃勒克进入卡耐基-梅隆大学的女子学院，打算将来从事医学工作。她于1946年毕业，并取得了化学学士学位，但因无力支付学费而不得不放弃学医。于是，她接受了杜邦这个世界上规模最大、最有声望之一的化学公司的工作，她首先被派往公司位于布法罗的工厂，在人造丝部门工作。

克沃勒克在杜邦的任务是开发一种能在高温下保持稳定且抗酸、碱的新型纤维。1964年她发现了这一物质，这是一种芳香族聚酰胺，其密度是玻璃纤维的一半而强度却是钢的5倍。这种材料被命名为芳胺，后来曾以凯夫拉和诺梅克斯的商标名投入市场。今天，芳胺是聚合母体合成品中使用最为广泛的物质之一。

直到1986年退休，克沃勒克的整个工作生涯都是在杜邦公司里度过的。退休以后，她在化学领域的表现仍然十分积极，她担任了杜邦公司和国家研究院全国研究理事会的顾问。克沃勒克的名字在1995年被收录到美国发明家名人堂，成为第四个获此殊荣的女性，并于1996年获得了"国家技术勋章"。此外，在1997年，克沃勒克还被授予了"普金奖章"，成为第二位获得该奖项的女性。

在这些推动力的影响下，研究人员把兴趣转向了一类名为高级或高性能复合材料的新型材料上。高级复合材料是一种结构性材料，其应用主要包括汽车、飞机、太空飞船的框架和部件等。因为铝合金和钢等较为传统的材料都存在硬度不够、耐热耐用性差等缺点，而高级复合材料通常具有更高的硬度、强度及耐用性，而且其密度也相对较低。

与其他复合材料一样，高级复合材料也可以根据填充物（也叫增强剂）和母体的种类形成不同的有机体，其属性主要取决于增强剂（填充物）的种类、长度、形状和特点。迄今为止，玻璃是最为普通的增强剂，这主要是因为它是人们可以利用的最为廉价的填充物。然而，玻璃纤维也是硬度最差、密度最大的一类材料，因此它们的使用仅局限于非结构型材料及性能较低的产品中，例如构成游船主体的建筑板材。

碳纤维是常用的增强剂中硬度最大、最为结实的，它们是经过天然及人工合成材料的热解过程（高温分解）而生成的，如人造丝、聚丙烯腈（PAN）和沥青（汽油和煤焦油蒸馏后的黏性残渣）。碳纤维的形式多种多样，有单股、纤维束等。其密度介于玻璃纤维和聚合纤维之间，是常用的增强剂中价格最为昂贵的。

在理论上，几乎任何聚合物都可以用作高级复合材料中的增强剂。然而，目前为止最为普遍的聚合纤维是芳胺，它的商标名凯夫拉则更为人们所熟知。芳胺最初用于束带放射状轮胎的生产，是一种芳香族聚酰胺，其中的苯基（C_6H_4）和缩氨酸团（NHC=O）交替连接形成一种聚合结构：

$$\left[NH-C_6H_4-NH-CO-C_6H_4-CO \right]$$

它是从一种溶液中生成的，与黏胶纤维人造丝的制造过程相似。成品由长纤维组成，这种纤维的密度是所有常用增强剂中最小的。芳胺的硬度和强度介于玻璃纤维与碳纤维之间。

各种无机材料也可以用作增强剂，其中包括硼、硅、碳化物（SiC）、氮化硅（Si_3N_4）、碳化钛（TiC）和氧化铝（Al_2O_3）。这些材料通常都是由原材料的蒸汽残留物生成的，例如，当硼的氯化物（如三氯化硼，BCl_3）在钨丝上受热时会分解出硼元素和相应的卤素，硼凝缩成细丝便可用作填充物。硼纤维是最早应用在高级复合材料中的填充物之一，但是与碳纤维相比，其价格贵、硬度差，也更脆弱。

氧化铝纤维在特殊的高级复合材料中能够发挥作用，因为这种纤维具有强度高、硬度高、熔点高，特别是抗腐蚀的优点。人们通常从液态溶剂中提取氧化铝，待其干燥后再将其旋转到管状纤维里。

研究者们一直在不断寻找可以用作高级复合材料填充物的新型材料。例如，美国农业部(USDA)目前正在发起一项将木纤维内嵌于聚合物母体中的研究。问题在于目前人们对这个体系所知甚少，而已经开发出来的产品又不能和现有的复合材料相竞争。目前，美国农业部采取的最有前景的一个办法是把木纤维用苯乙烯-马来酸酐(SMA)进行处理，母体用聚丙烯和马来酸酐进行反应，从而形成一种具有各种相似化学结构的异量分子聚合物。所有这些化学结构都包含马来酸酐($C_6H_5CH=CH_2$)和苯乙烯($C_4H_2O_3$)的各种结合体。苯乙烯-马来酸酐木纤维和聚丙烯-马来酸酐母体牢牢结合，从而形成一种强度大、耐用性高的产品。

在伦敦大学的帝国学院，研究者们正在研究一种复合材料的属性，这种复合材料是在各种母体中嵌入天然或经过改变的亚麻纤维，例如聚酯及高密度、低密度的聚乙烯。研究人员面临的最大挑战是改进该材料中亚麻纤维和聚合母体之间的黏性，如果纤维不能和母体牢牢粘在一起，材料就很容易破碎而失去实际应用的价值。

每种纤维的长度都不尽相同，从几微米到几厘米不等，它们可以被分为微粒子、不连续(短的)或连续的纤维。微粒子纤维很小，所有方向上的尺寸都几乎相同，通过在塑料母体中嵌入小沙粒便可以得到这种复合材料。大体上来看，与长纤维相比，含短纤维的复合材料的强度更大。然而，为了使材料达到这种强度，纤维应该按照同一方向排列。对于研究人员来说，这是一项颇具挑战性的工作。

增强剂可以呈现出一维、二维或三维的形状。例如，线形玻璃或碳纤维只有一维，即长度；增强剂也可以是二维的(宽度和长度)，如纤薄的水晶板；甚至是三维的，例如矿物水晶。这种材料的机械属性经常根据纤维方向的不同而存在明显的区别。例如，某些种类的硅纤维在与纤维长度平行的方向上，其抗张强度可达每平方英寸 11 万磅(7 700 千克/平方厘米)，而在与长度垂直方向上的抗张强度只有每平方英寸 1.4 万磅(980 千克/平方厘米)。在这种情况下，锤子以同样的力砸向某一材料，其侧面受到的力是“当头一棒”时的 8 倍。因此，在设计复合材料时，母体中纤维的横向方向一定要和作用在材料上的外力的方向保持一致。

今天,聚合物是制造母体时采用的最为普通的材料,它是一种长链有机分子,由许多(通常数以千计)或重复的单元即单体构成。例如,聚乙烯是在一系列化学反应中形成的,在这些反应中单个的乙烯($CH_2=CH_2$)分子以每次一个单元的速度加入逐渐延长的分子链中:

$$CH_2=CH_2+CH_2=CH_2 \longrightarrow CH_3CH_2CH=CH_2$$

$$CH_2=CH_2+CH_3CH_2CH=CH_2 \longrightarrow CH_3CH_2CH_2CH_2CH=CH_2$$

$$CH_2=CH_2+CH_3CH_2CH_2CH_2CH=CH_2 \longrightarrow$$

$$CH_3CH_2CH_2CH_2CH_2CH_2CH=CH_2$$,等等。

在某些情况下,复合材料是由两种不同的单体发生反应形成的,例如苯酚(C_6H_5OH)和甲醛(HCHO)之间的反应:

$$C_6H_5OH+HCHO \longrightarrow C_6H_4(OH)CH_2OH$$

$$C_6H_4(OH)CH_2OH+C_6H_4(OH)CH_2OH \longrightarrow$$

$$C_6H_4(OH)CH_2C_6H_3(OH)CH_2OH+H_2O$$,等等。

仅由单个聚合体构成的聚合物叫做单聚物,而包含两种不同单体的聚合物叫做共聚物。

聚合物可以分为两大类:热塑性和热硬化性聚合物。热塑性塑料由液态溶剂形成,并最终转化为固体。这些固态聚合物在加热时会变软,因此可以被重新塑形。相反,热硬化聚合物一旦成为固体就不能被软化和重塑,如果再次受热就会破裂、损坏,或者残缺变形。在大多数应用中,热硬化树脂是最为理想的材料,因其具有很强的耐用性以及抵抗化学品磨损和腐蚀的能力。另一方面,与热硬化树脂相比,热塑性聚合物的优点是不易断裂。此外,它还可以回收利用,而且在生产过程中对环境造成的污染较小。

最为常见的高级复合材料是由热硬化树脂制造而成的,如环氧聚合物(最流行的单母体材料)、聚酯、乙烯酯、聚氨酯、聚酰亚氨、氨基氰、双马来酰亚胺、硅树脂和三聚氰胺等。使用最为广泛的热塑性聚合物包括聚乙烯氯化物(PVC)、PPE(聚次苯乙醚)、聚丙烯、PEEK(聚乙醚乙醚酮)和 ABS(丙烯腈-丁烷-苯乙烯)。为任何一个产品选择准确的母体,主要取决于人们希望该产品具备怎样的物理属性，而每种树脂都有各自特殊的热属性（如熔点和热传导性）、化学品抵抗性、电属性、耐燃性、黏着性、耐用性以及密度等等。

金属和陶瓷（一种黏土状材料）也可以用作高级复合材料的原材料。在多数情况下，金属母体合成品包括铝、镁、铜及这些材料的合金或金属间的化合物，如铝化钛和铝化镍。增强剂通常为陶瓷材料，如碳化硼（B_4C）、碳化硅（SiC）、氧化铝（Al_2O_3）、氮化铝（AlN）或氮化硼（BN）。金属也常被用作金属母体里的增强剂，例如，某些种类的钢通过加入铝纤维可以使其物理性质得到改善。增强剂通常以粒子、晶须、板材或纤维的形式进行添加。

金属母体的合成品有很多理想的属性，包括在质量相对较低的情况下具有高强度、高压缩强度、耐高温、抗老化、抗蠕变（金属久而久之的弱化）、抗磨蚀及其他形式的磨损等特点。金属母体复合材料的一个重要优点是它们具有导电性，这种属性在传统的以聚合物为母体的复合材料中并不多见。通常情况下，一些金属母体复合材料的导电性强于大多数的钢合金，但不及纯铝导电性的一半。

迄今为止，陶瓷母体合成品的应用极少，主要问题是因为这种产品非常易碎。然而，寻找改进的材料是研究工作中一个积极的领域，而且许多既充满乐趣、又有前景的新材料已经被开发出来。例如，将碳化硅（SiC）粒子、晶须、板材或纤维嵌入氮化硅（Si_3N_4）母体中，可以生成一种即使在高温下依然可以保持高强度的复合材料。该材料的其中一种形式在超过1 400℃的高温下，仍可保持这种属性。陶瓷母体复合材料的这种耐高温属性使其在汽车和飞机发动机以及能源生产设施的生产中发挥了很大的作用。

在新型陶瓷复合材料的研发过程中，最常用的化合物有碳化硅、镍化硅、氧化铝、二氧化硅和富铝红柱石（一种铝硫酸盐，分子式为$Al_2[SO_4]_3$），而其中的任何一种都可以用作复合材料中的增强剂或者母体。

最近，研究人员已经开发出多种陶瓷复合材料的填充物和母体化合物。例如，日本原子能研究所的科学家们正在研究在碳化硅母体中内嵌碳化硅纤维的合成品，以便在太空飞船的零件和核子融合设施等高温环境中应用。其他经过测试的复合材料包括在碳化硅母体中内嵌镍化硅增强剂、镍化硼母体中内嵌碳纤维、镍化硼母体中内嵌镍化硅，以及在镍化钛母体中内嵌镍化硅。研究者们还对其他用于新材料开发中较为常见的填充物和母体材料进行了测试，这些材料包括碳化钛（TiC）、硼化钛（TiB_2）、硼化铬（CrB）、氧化锆（ZrO_2）和磷酸镧（$LaPO_4$）。

高级复合材料中前景最为乐观的一种是碳-碳合成品，这是一种由碳母体和其内部连续的碳纤维组成的材料。该产品在2 000℃的高温下，仍有出色的强度和硬度表现，这些属性在火箭和太空飞船的发动机部件及尾喷管等方面具有重要的作用。随着与新型复合材料相关技术问题的解决，这些产品在广阔的商业领域中会发挥更大的作用，例如太空计划、军事应用、航空运输、体育娱乐及建筑等方面。

高级复合材料的应用

自古代以来，人们便对复合材料生产中的一些基本原则有所了解。古埃及人研制出一种在花瓶或其他容器中加入玻璃纤维的方法，但这多出于装饰目的，对质量提高几乎毫无用处。现代化的复合材料技术直到20世纪40年代才问世，当时俄罗斯的一对父子K. L.和D. L.博尤科维奇（D. L. Biryukovich）开始进行玻璃纤维强化水泥的实验。最初的实验结果是很有前景的，但随着时间的推移，他们的产品很快遭到了被淘汰的厄运。几乎与此同时，第一批纤维强化复合材料被研发出来，但是，第二次世界大战妨碍了该技术在实际生产中的应用。

直到第二次世界大战结束，高级复合材料的开发和使用才开始有所进展。美国政府是促进这一发展的最大动力之一，因为飞机制造和国家的太空计划都需要有所改进的新型材料。处于萌芽阶段的飞机工业的支持者们认识到，只有新材料才能够减轻飞机的重量，从而降低操作成本，并最终减少航空旅行的费用。国家太空计划的负责人也认识到，将设备送入地球轨道所需的成本与质量巨大的物质进入地球大气层所需的能量相互关联。

太空计划的特殊需要和其他一些原因共同促进了人们对复合材料的研究。例如，在对第一枚阿特拉斯洲际弹道导弹的测试工作中，工程师们担心导弹再次进入大气层时，火箭的金属部件可能无法承受，他们担心这些部件会在高温中熔化。因此到 20 世纪 50 年代后期，宇宙航空的科研人员已经开始寻找能够取代金属合金的合适材料。与此同时，复合材料设计的现代阶段也随之到来。最先经过测试的一种复合材料是内嵌有玻璃的三聚氰胺，这也是为宇宙航空应用研制的第一种复合材料。

20 世纪 60 年代，美国、英国和日本发明了硼和碳的单纤维，这是高级复合材料发展中的一个重大突破。这些纤维很快被加入到最早的一些纤维强化聚合物(FRPs)中，用于宇宙航空工具的制造。1970 年，该材料首先被应用到美国海军 F－14 战斗机的水平稳定器上。此后不久，这种纤维强化聚合物又被用于制造美国空军 F－15 和 F－16 战斗机。

即使在今天，航空、太空和相关军事领域仍然占高级复合材料使用的最大份额。这些材料多为飞机和太空飞行器所采用，例如，在一些飞机上，它们被用于制作覆盖飞机机头的雷达天线罩、机舱地板板材、通道门和把手、水平和垂直稳定器以及飞机整流罩。整流罩的主要作用是在机身周围形成流畅的轮廓以减少飞行时遇到的阻力。采用复合材料制成的整流罩在飞机门、气闸、散热片、机翼和其他飞机部件上都可以找到。

军用飞机占金属母体复合材料使用的最大部分，这是因为与传统的合金相比，这种新材料的价格昂贵得多。它目前被喷气飞机的引擎所采用，因为在温度变化剧烈的情况下，该材料仍有出众的强度和硬度表现。一些汽车制造商试图将这种材料应用到柴油机发动机上，但因其成本过高，因而无法在大多数商业汽车中得到广泛使用。然而，金属母体复合材料的生产技术很可能在未来的实际应用中得到改进，如高速飞机的“皮肤”和发动机，以及飞机、太空飞行器、商业汽车和高速机器的螺旋轴、轴承、水泵、变速箱壳、齿轮、弹簧、悬挂系统和其他机械部件。

其他方面的军事应用也占到今天所有高级复合材料使用的大部分。例如，这些材料被应用于导弹系统，包括弹药零件和发射系统的生产制造中。此外，还有与导弹相关的零件，例如发射台显像管、穿甲弹体和潜水艇里的动板柱以及鱼雷发射管。

迄今为止，尽管陶瓷母体复合材料的应用很少，但它们已经在某些军事用途中应用，尤其是人身保护和军用交通工具的装甲制造中表现出可观的前景。在历史上，纯陶瓷如氧化铝（Al_2O_3）、碳化硼（B_4C）、碳化矽（SiC）、碳化钨（WC）和二硼化钛（TiB_2）已经被用作装甲系统的基本成分。研究人员表示，嵌入某种增强剂如硼化硅（SiB_6）或碳化硅（SiC），可以改进任何一种陶瓷的机械属性。

军事和宇宙航空已经成为高级复合材料的首要应用领域。但是随着军事、航空和太空复合材料技术的发展，这些材料也很快出现在了民用产品中。例如，为了提高飞机的能效，美国国家航空和航天管理局（NASA）在1975年提出了飞机能量效率计划（ACEE）。到1982年，用于军用飞机的合成技术已经被用于商业飞机波音737的稳定器。随着时间的推移，其他合成技术也被用于许多商业飞机的设计中，其中包括波音757和767、麦道公司MD－82、83和87及空中巴士300和310型飞机。由于复合材料取代了传统合金，飞机质量的降低幅度高达30%。

对于许多美国人来说，复合材料对新产品设计的贡献在体育界及娱乐界表现得最为明显。采用复合材料建造第一艘船的荣誉属于雷·格林（Ray Greene），这位来自俄亥俄州托莱多的发明家，在1942年建造了一艘玻璃纤维小船。到20世纪50年代，复合材料技术在造船业得到了良好的发展，也引起了人们广泛的讨论。非专业人士可以在一般的杂志，如《流行力学》（*Popular Mechanics*）上看到这种船。在之后20年的时间里，采用玻璃纤维及其他复合材料制成的水运工具（船、游艇、皮船、独木舟及其他）远远比其木制品受人青睐。

◀欧文-康宁玻璃纤维公司▶

纵观科学史，人们曾经可以明确指出某个人可以因获得重大突破性发现或发明而获得荣誉。然而随着科学研究的日趋复杂及成本的不断增加，科学家们不太可能独立地完成某一研究。相反，重要的发明家和发现者们经常以团队的形式获得荣誉。在许多情况下，这些团体是在一些大型工业研究实验室的赞助下进行工作的。玻璃纤维的发展就是这样的一个例子。

细玻璃线抽丝技术的发展已经有几个世纪了，但是20世纪30年代其产品在商业上几乎没有取得什么进展，甚至连该产品在商业上具有的应用价值都没有被认识到。然而在20世纪30年代初期，世界主要的玻璃制造公司，位于纽约的康宁公司开始探索将玻璃纤维制成主要商业产品的可能性。20世纪20年代曾进行的早期研究，已经使公司的管理者相信这种产品的生产成本比较低廉，并且在很多实际应用中还具有较大的潜力。

1935年，康宁公司的管理者与位于伊利诺伊州的一家小型玻璃制造公司——欧文-伊利诺伊公司商讨合作发展玻璃纤维及其制品的可能性。欧文-伊利诺伊公司是在分别创办于1903年和1873的欧文制瓶公司和伊利诺伊玻璃公司合并的基础上，在6年前才建立起来的。协议达成后，新公司欧文-康宁公司于1938年11月1日正式成立。截至到第一年年末，公司共雇佣了632名男女职工，报告销售额达到255.5万美元。

第二次世界大战为这家新公司提供了许多全新的发展机会。1939年，美国海军舰船局选择了欧文-康宁公司生产的玻璃纤维作为所有新造船只的标准绝缘材料。到1942年末，公司已经生产了超过2200万平方尺(204万平方米)的产品供海军使用。公司开发的其他战时使用产品包括缝纫毛毯、电线绝缘体、金属网毯、电池分离器和木绝缘体。此外，公司还研发了用于飞机制造的新材料，如用于结构飞机部件的层压板，它是通过在玻璃纤维材料中加入树脂而制成的。

战争结束后，欧文-康宁公司开始计划生产和平时代使用的玻璃纤维制品。1946年，公司推出了强化玻璃纤维的钓鱼竿、服务托盘、消声瓦及游船。1953年，公司宣布制造出第一部汽车——雪佛兰科尔维特，车身主体完全是由聚合母体复合材料，即一种强化玻璃纤维塑料制成的。

1996年1月2日，欧文-康宁纤维玻璃公司更名为欧文-康宁公司，名称的变化也反映了在过去的30年里，公司在技术的开发和使用上所发生的一系列变化。到1999年,公司的销售额已经超过了50亿美元。然而由于当时大量的石棉诉讼案对它的反对,公司经历了严重的金融倒转。欧文-康宁公司于2000年申请破产,但是后来又逐渐恢复过来。无论公司的未来怎样,随着玻璃纤维在商业上取得的成功,欧文-康宁公司已经奠定了它在化学技术史上的重要地位。

坚硬、耐用、轻巧,这些优点同样可以使复合材料在某些体育设备上得到应用,例如自行车架、滑雪板、高尔夫球杆、网球、羽毛球和软式墙网球、冲浪板、弓、箭、钓鱼竿、曲棍球杆、直排溜冰鞋、滑翔翼、雪橇和滑雪杖、赛车以及运动鞋袜等等。

复合材料最有趣的一种应用是在城市、乡村、州或国家的基础设施领域。例如,桥梁的磨损是许多政府面临的一个严重问题,然而维护和取代桥梁的费用远远不是政府所能负担得起的。解决这个问题的一个方法是用坚硬、耐用、高密度的复合材料代替钢、混凝土和其他传统建桥材料。目前,世界上已经有几百座桥梁采用了复合材料而不是传统的材料来建造或维护的。例如费城动物园内重量很轻的行车桥、伊利诺伊州安提阿高尔夫俱乐部的人行桥、芝加哥市芝加哥河上的人行道、加拿大阿尔伯塔省埃德蒙顿附近的公路桥、特拉华州威明顿经过翻新的富克路大桥,以及俄亥俄州巴特勒县的新21技术大桥。

复合材料也常用于制造现存桥梁上的抗震装置,以减少地震对桥梁造成的破坏。1993年,位于加州比弗利山的日航酒店,工程人员使用了玻璃-芳族聚酸胺复合材料对停车库里的34根支柱进行包裹。两年后一场地震袭击了这一地区,车库里许多未受保护的柱子均遭到了破坏,而那些覆盖了复合材料的柱子却安然无恙。

复合材料还一直被应用于其他许多建筑工程中,例如在1995年,大批量的聚合母体复合材料被用于路易斯安那海岸上一座新建的海上钻油平台。这种材料热传导性低,因此具有很高的防火和耐高温能力,这使得它能够在火中较长时间而不会受到严重损害。

相对来说，尽管使用的总量不是很多，但复合材料现在已经出现在相当多的工业、机械、工具制造及其他一些应用中，例如天线、传动轴、灯管、油田配管、工具把手、横梁、门柱和柱子、模块化的厕所、门窗框架、化学药品储藏容器、雷达天线罩、压力容器，各种电气和电子设备如发动机、发电机、印刷电路板、传动轴、切割工具、显示板、检测设备、电影摄像机身、天花板、盖板、轻盒子和储存容器、机器人技术、海下运输工具以及家具，其数量之多简直不胜枚举。

在过去的半个世纪里，新型复合材料的发展使可用于建筑、制造和其他目的的材料的多样性有了显著增加。这些材料与钢、水泥和塑料等传统的复合材料或单一材料相比，质量更轻、强度更高，也更加耐用。此外，它们还可以被用于制造曾经成本很高或难于获得的产品。未来对复合材料的研究必将进一步扩大它的使用范围，这些材料可用于公路和桥梁、住宅和写字楼、工厂、飞机和太空飞行器、体育设施以及其他众多方面的应用。

3 生物材料

20世纪70年代,3部非常流行的电影相继上映,随后又出现了相同题材的电视连续剧《无敌金刚》(*The Six Million Dollar Man*)。在电影和电视剧中,演员李·梅杰(Lee Majors)成功塑造了一名试飞员的形象,飞机失事导致他失去双腿、一只胳膊和一只眼睛。医术高超的内科医生鲁迪·威尔斯(Rudy Wells)用价值600万美元(电影也因此而得名)的高级生物医学材料对梅杰饰演的人物史蒂夫·奥斯汀(Steve Austin)进行了身体再造。在续集《无敌女金刚》(*The Bionic Woman*)中,林赛·瓦格纳(Lindsay Wagner)饰演了与奥斯汀相似的角色詹米·萨莫斯(Jaime Sommers),萨莫斯在一次跳伞中受了重伤,身体里的部分器官经过重新改造后,具有了非凡的能力。

20世纪70年代,这些被普遍视为"激进的"科幻小说,但是,这种医学也许会在某一天或更遥远的未来成为现实。仅仅在30年后,仿生学人类概念的提出者——马丁·凯丁(Martin Caidin)认为生物工程领域许多最不可能的幻想都成为现实。的确,生物材料的现代研究已经开始超出许多化学家、内科医生、外科医生、生物学家以及其他所有对人造材料及器官感兴趣的人的最疯狂的梦想。虽然这项研究尚未在科学家所期待的应用领域中发挥作用,但利用人造材料来代替身体器官在未来是很有发展前景的。

研究人员对生物材料这一术语给出很多定义,其中最为常见的一个是:生物材料是用于医疗装置并与生物系统相互作用且不可生长(无生命)的材料。其他专家则更倾向于另一种范围更广的定义,即生物材料包括人工制造、半人工制造(或二者结合),以及为生物系统功能服务而设计的有生命(非严格意义上的不能生长)的材料。

通常,生物材料可以被分为3大类:

1. 在化学和生物功能方面基本无生命的材料,即组织和其他生物物质与之接触后不会产生反应(或几乎没有反应)的材料;

2. 通过与周围组织或其他生物材料相结合或发生反应后,在身体内发挥积极作用的材料;

3. 一段时间后可以降解(基本上溶解)或被吸收(融入体内)的材料。

可归为上述种类的一些生物材料包括人造皮肤、血液、神经、组织和器官。

生物材料的历史

人类使用天然生物材料已经有很长的时间了,其中最常见的是我们用各种材料制成的移植组织来更换损坏或不健康的牙齿。例如,考古学家在公元前2000年埃及人的头骨里发现了代替牙齿的黄金移植物。早期的埃及牙医还将贝壳植入患者的颌内来代替缺损的牙齿。

用木头或金属来制造简单的修复性装置也已经有很长的历史,例如,代替一条断腿所需要的技术并不是很难,因为假肢所用的材料只要能够支撑患者的体重即可。假腿以及手臂上的钩和爪对于小说和非文学作品的读者来说都已经非常熟悉。早在公元前5世纪,希腊剧作家阿里斯托芬(Aristophanes)在戏剧《鸟》中,就为一名安装义肢的演员安排了一个角色。

在2000年,慕尼黑大学的考古学家们发现了一具年龄约为50—60岁之间的埃及女子的木乃伊,右脚的大脚趾是假的,这名女子死于公元前1550—700年之间。研究者们推测这名女子很可能把脚趾弄断了,安装的义趾伴随了她一生。这个义趾由3种具有官能性的单独材料构成,并且曾被涂成棕色以便和其他的脚趾相配。

在近 4 个世纪的时间里，寻找血液的替代品一直是生物材料研究中最积极的一个领域。在英国物理学家威廉·哈维（William Harvey, 1578—1657）发现了体内血液循环的过程后不久，为了治疗因外伤或其他情况造成失血的患者，研究人员开始寻找人体血液的替代品。最初的尝试并没有科学道理可以遵循，只是依靠某些明显的逻辑关系。例如，葡萄酒有时被用来代替人的血液，因为血液和葡萄酒有着相似的颜色。牛奶也被用作血液的代替品，因为人们认为牛奶和血液都是自然产生的体液。

1868 年，我们今天只知道其姓氏的两名德国生物学家——路德维格(Ludwig)和史密特(Schimidt)在某些实验中发明了用阿拉伯树胶制作血液替代品的技术。这种产品曾被用于某些急救情况长达 40 年之久。例如，在第一次世界大战期间，为美国军队工作的医学研究者们对是否可以在战地急救中用树胶溶液做血液替代品进行了研究。他们发现将浓度为 6%—7%的溶液与 0.9%的氯化钠溶液相混合，就会产生与正常血液黏度和渗透压相同的液体。注射这种液体的人不会产生免疫反应，也不会导致血液凝块。在不破坏溶液的情况下，还可以很容易地对其消毒。阿拉伯树胶不但不会剥夺正常血液的输氧性质，还会维持血液其他的重要功能。尽管这项研究取得了一定进展，但该产品却从未被军队在实际应用中使用过。

尽管牙科移植、血液替代品和修复术的研究均经历了很长的时间，但实际上现代生物材料的发展是在 20 世纪初才开始起步的。法国物理学家亚历克西斯·卡雷尔（Alexis Carrel, 1873—1944）是最早尝试用人造材料来代替内部组织和器官的研究者之一。20 世纪初，卡雷尔进行了一系列惊人的关于血管和器官移植及血管缝合术(缝合血管)的实验，这些研究使他在 1912 年获得了诺贝尔医学-生理学奖。在寻找损坏血管替代品的实验中，卡雷尔对橡胶管、玻璃管、金属管和一种可被吸收的特殊镁管进行了设计和测试。在一次实验中，他用覆盖石蜡的玻璃和金属管来代替狗胸腔主动脉的一部分。如卡雷尔在诺贝尔大会的报告中称，这只狗“非常健康”地生存了 90 天。

也许，生物材料的第一次成功和广泛的临床应用发生在 20 世纪 90 年代初，那时研究人员研发了许多金属和合金用来固定粉碎的骨头。这些材料被用来制作接骨板,可以将骨头破碎的末端归位,直到它们重新长在一起。伤口愈合后,如果可能的话可以拿掉骨板,如果情况不允许,骨板就仍须留在患者体内。

钒钢大约是在1905年为制作骨板而特别发明的第一种金属合金。在接下来的20年里,其他许多种合金和金属也曾被尝试用于骨板的制作材料。1926年,另一种特别为制作骨板而设计的合金问世了,这是一种由18%的铬和8%的镍合成的不锈钢。同年后期,研究人员对该合金略加改进后,将其命名为含钼奥氏体不锈钢。

当医学研究人员不断进行新型生物材料的研究时,早期骨板出现的问题也预示了他们必须面对的一些新问题。金属和合金经常难以完全适合于它们所援助的生命物质(骨头和组织)。而且,人体的免疫系统经常对这些移植物有所反应,这会导致金属或合金的感染及排斥现象的发生。最后,设计骨板的一些材料会因体液的侵蚀和溶解而失去作用。上述3个问题:选择使用的材料、移植设备的设计和生物兼容性成为生物材料研究者们必须要解决的3大问题。

随着一系列新聚合物质的发展,第二次世界大战期间生物材料历史上出现了一个转折点。聚合物的使用与生物移植之间的联系在战争期间以一种特别的方式显现出来。英国眼科医师哈罗德·雷德利爵士(Sir Harold Ridley,1906—2001)发现,在飞机坠毁中幸免的英国皇家空军飞行员的眼睛里有挡风玻璃中的塑料碎片。令他感到吃惊的是,这些塑料碎片在眼睛中停留了很长时间,却并没有造成任何明显的伤害或不适。雷德利想到了用这种叫做聚甲基丙烯酸酯(PMMA)的塑料制成可以嵌入眼中的晶体来帮助人们提高视力。虽然雷德利的想法遭到欧美大多数同行的摒弃,但在今天,采用聚甲基丙烯酸酯制成的人工晶体已经成为标准的手术材料,全世界已有超过500万人接受了这项手术。

在21世纪到来之际,生物材料的发明、发展和使用在美国和世界各地已经成为一项大规模的行业。据2001年《化学和工程新闻》(*Chemical and Engineering News*)的一则报道,现在有超过1 000万的美国人至少使用过一种移植物,每年全国生物材料工业的销售额超过500亿美元。

工业分析家们看到了该行业更长远的未来,例如,每年大约有3万人在等待肝脏移植手术时死于肝脏衰竭,而可移植的肝脏每年只有不到3 000个。对肝脏替代品的研发也许会挽救更多人的生命。

现代生物材料研究最重要的一个课题,是将重点从代替人体正常功能的人造材料(如用血液代替品取代血液)转向寻找激励人体进行自我修复的途径。这一改变主要是因为,人体对嵌入其中的任何生物材料都会在某种程度上发生排斥反应。

移植物的存在几乎总是使人体的免疫系统非常活跃,免疫系统通过产生白细胞来摧毁"外来入侵者"(移植物)。即使采用兼容性高的生物材料做移植物,手术过程中引起的炎症也会导致免疫系统发生反应。虽然在通常情况下,免疫系统中的巨噬细胞不能排除移植物本身,但它们可以在移植物周围形成伤疤组织。伤疤组织经常阻止移植物周围的正常组织进行恢复,从而导致移植物在短期内失去功能。

今天,与生物材料相关的众多研究可以分为3大领域:组织工程学、替代部件的开发和血液替代品的开发。虽然这些领域中有一些重叠之处,但它们为目前生物材料研发科学的发展提出了很好的课题。

组织工程学

组织工程学是生物材料方面最年轻的研究领域,虽然一些相关研究在20世纪80年代中期之前就已经展开,但是这一术语直到1987年才被提出来。当时,研究人员在一系列由国家科学基金会发起的会议上提出了"组织工程学",并给出了定义:组织工程学是一门融合了工程学和生命科学的基本原理和基本方法,对正常或病态的哺乳动物组织中的结构功能关系有基本的理解,利用生物替代品进行重建,以达到维持或改进组织功能的一门科学。

国际技术研究所在2002年报告中提出的其他两个定义如下:

> 组织工程学是一门边缘学科,它融合了工程学和生命科学

的基本原理，主要针对能够使组织功能得到恢复、维持或提高的生物材料的研发。

及

组织工程学是一门基础科学，主要针对用于人体移植和组织重塑的生物材料的开发，其目的在于使人体的功能得到替代、修复、再生、重建或提高。

所有这些定义的重要主题都体现了提出者的愿望，即不使用捐献者或人造的器官及组织来代替人体损坏的部分，而是去探索能够激励人体进行自行痊愈的机制。这个主题有时可以用组织工程学的同义词再生医学和修复生物学来体现。

对损坏皮肤的治疗一直是几个世纪以来医学工作者们所关注的问题。有时皮肤的损坏是由外科手术造成的，例如在截肢过程中，然而更多的时候皮肤损坏是由烧伤引起的。

根据损伤程度和表现症状，烧伤可以被分为3类，最严重的烧伤为三度烧伤，这可能是最不疼痛的一种，因为皮肤里的神经组织遭到破坏，伤者的烧伤部位失去了所有的知觉。但是三度烧伤也是最为严重的，包括表皮、真皮和皮下组织在内的三层皮肤全部受损。从历史上来看，人体大面积的三度烧伤导致的死亡率极高。

对受损皮肤组织进行治疗的最早记载可追溯到公元前2世纪，当时一名叫做塞斯鲁泰(Sushruta，公元前6世纪)的印度外科医生发明了一种皮肤移植的方法，他从患者身体的某一部位取下皮肤来代替失去的鼻子。切除鼻子在当时十分普遍，一方面是因为受到刀伤和剑伤，另外也是由于割鼻是当时一种常见的刑罚。

也许最著名的整形手术的先驱是意大利的内科医生加斯帕雷·塔利亚科齐(Gaspare Tagliacozzi，1545—1599)。他发明了一种后来名为“上臂皮管法”的移植方法，通过把伤者的手臂皮肤移植到受伤的鼻子上，受伤部位便可以长出新的皮肤。他把手术过程写进了现在很有名的《缺损的移植手术学》(*De Curtorum Chirugia per insitionem*)一文中,这篇文章之所以成功(尽管受到了教堂的谴责),其中一个原因就是当时梅毒在大众中的肆虐,而梅毒长期得不到治疗便会导致患者的鼻子腐烂掉。

塞斯鲁泰和塔利亚科齐发明的这种移植方法称为"自体移植",自体移植是最理想的移植方式,因为不包含其他人或物种的组织,因此病人对自体移植排斥的可能性几乎为零。

然而并不是所有的情况都适合自体移植,例如,一个烧伤面积超过50%的三度烧伤患者,根本没有足够的健康皮肤进行自体移植。在这种情况下,就必须寻找其他的皮肤来源,如果其他来源是人类的皮肤,那么这种移植就叫做异体移植或同种移植,皮肤移植最常见的形式是使用尸体的皮肤。动物皮肤也被用于治疗皮肤受损的病人,这种移植叫做异种移植。一般来说,异种移植中最常见的动物供体是猪。

在皮肤移植的所有形式中,自体移植是目前成功率最高的。在其他类型的移植手术中,病人很可能因为失去皮肤而受到感染,同时,由于病人身体开始排斥"外来"移植物(不是自己的皮肤)因而产生免疫反应。

用人造材料进行皮肤移植的新时代开始于20世纪70年代末。后来成为马萨诸塞总医院烧伤中心和施莱纳烧伤研究所负责人的约翰·F.巴尔克医生(Dr. John F. Burke),对当时治疗严重烧伤患者的医疗水平感到沮丧。他与麻省理工学院聚合科学与工程、生物工程学教授伊尔安尼斯·V.扬纳斯(Dr. Ioannis V. Yannas)博士取得了联系,两人共同讨论了可以代替人或动物皮肤而用于治疗烧伤的新材料的研发。1981年,扬纳斯博士成功地研制出一种材料,并于同年在波士顿的马萨诸塞总医院首次移植给一位烧伤患者。

伊尔安尼斯·V.扬纳斯(1935—　)

现在的科学研究有时会令研究方向看上去相距甚远的专家学者们走到一起,生物材料科学就是这样一个领域。那些对人造心脏、血液替代品或用于制造骨骼的新材料开发感兴趣的人们一定会对生物、化学和物理学的许多课题有所了解。更棒的是，当各个领域的专家通力协作时，这些研究就能够以最高的效率完成。伊尔安尼斯·V. 扬纳斯(Ioannis V. Yannas)在人造皮肤研究发展历程中所取得的重要突破，就是通力协作最好的证明。

1935年4月14日，伊尔安尼斯·V. 扬纳斯出生在希腊雅典。他曾就读于哈佛大学，并于1957年获得了文学学士学位，1959年在麻省理工学院获得了理学硕士学位，后来又分别于1965年和1966年获得了普林斯顿大学授予的硕士和博士学位。1959—1963年之间，扬纳斯曾以物理化学家的身份在位于马萨诸塞州剑桥的哥瑞斯公司化工厂工作。1966年，被派往麻省理工学院机械工程系，并一直工作到1968年。后来被评为副教授，1978年升为正教授。

20世纪70年代初，后来成为马萨诸塞总医院(MGH)烧伤中心和施莱纳烧伤研究所负责人的约翰·F. 巴尔克指出，治疗严重烧伤的传统方法是不恰当的。传统方法认为，医生应该等到病人的皮肤自行蜕去后才能开始治疗，而巴尔克则认为更好的办法应该是清除病人受损的皮肤。当然，巴尔克也知道为了进行这样的手术，必须要有可替代的皮肤。

作为医生，巴尔克对有关皮肤功能的知识了如指掌，但是对可能成为皮肤替代品的结构特点却不甚了解。为了这一研究，他向后来成为麻省理工学院机械工程系纤维与聚合物学助理教授的扬纳斯博士寻求帮助。从马萨诸塞总医院穿过查尔斯河就是麻省理工学院，经过共同的努力，巴尔克和扬纳斯在1977年成功研制出第一个皮肤替代品，并于同年11月获得了“多层薄膜人造皮肤”的专利。

扬纳斯被聘为麻省理工学院材料科学与工程教授(1983—2000)、哈佛-麻省理工学院健康科学技术项目的教授(1978年至今)以及麻省理工学院生物工程与环境健康科学教授(1998年至今)。此外，扬纳斯还分别担任了斯德哥尔摩皇家理工学院(1974)、马萨诸塞总医院(1980—1981)及施莱纳烧伤研究所(1980—1981)的客座教授。他先后发表论文200余篇，并于2001年出版了《成人组织和器官的再生》(*Tissue and Organ Regeneration in Adults*)一书。他独立或与他人合作在器官再生领域获得了14项专利。扬纳斯是一位积极探索的教师和研究者，他对许多领域都感兴趣，其中包括生物材料、组织工程学、聚合科学与工程、医疗器材设计、移植、细胞基质力学以及聚合物的变形与断裂等等。

扬纳斯的人造皮肤仿造了人体皮肤上面两层的结构和功能，其上层是由带弹性的硅树脂材料制成的，厚度约为 0.023 毫米，与人的表皮一样，这种材料同样能够防止水分从体内流失。硅树脂是一种硅氧烷聚合物，与各种有机原子团(含有碳元素的原子团)相连。硅氧烷和一种典型硅氧烷聚合物的化学结构见图示。

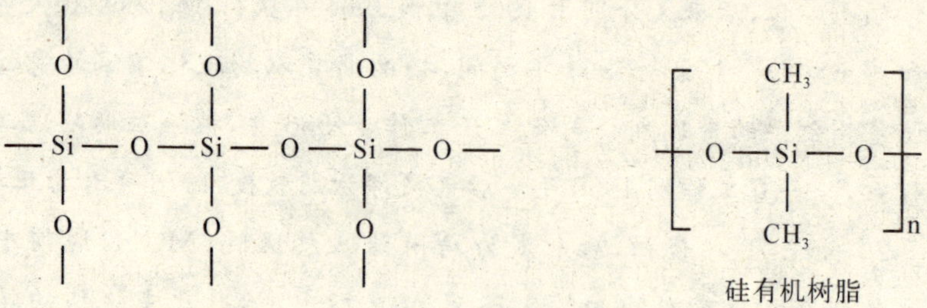

硅氧烷和硅有机树脂的化学结构

人造皮肤的下层是由厚度为 2 毫米的胶原质纤维基体组成的，胶原质纤维基体是从牛腱和硫酸软骨素中提取的，而硫酸软骨素又是从鲨鱼软骨中获得的。胶原质是人体中最常见的蛋白质，正如我们在第二章所解释的那样，它存在于人体的皮肤、肌肉和肌腱中，具有三重螺旋式的分子结构，与 3 股绳子有些类似。组成“绳子”的每一股都是一个多肽长链(由许多氨基酸残渣组成的分子链)，尤其富含氨基酸甘氨酸、丙氨酸、脯氨酸和氢氧脯氨酸。硫酸软骨素属于一种异种多糖族(由两种或多种不同单糖组成的多糖)，我们称其为黏多糖或 GAGs。形成软骨素聚合物的两种单体分别为 D-半乳糖体和 D-葡萄糖酸。

当胶原质-硫酸软骨素基质被放置在皮肤缺失的地方后，它就开始像细胞外基质一样发挥作用。细胞外基质是一种复杂的分子基质(人体中最为常见的是胶原质)，这些分子被细胞和周围产生它们的细胞所隐藏起来。细胞外基质在人体中有 3 大功能：(1)为细胞提供结构支撑；(2)提供细胞移动和依附其他细胞所需要的物质；(3)规范细胞的生长及新陈代谢。

扬纳斯和他的同事们发现胶原质-硫酸软骨素基质一旦就位，接受者的真皮细胞就开始移动到基质里，并将自己依附于胶原质分子，复制自然皮肤形成的过程。一段时间后，牛胶原质就会减少并逐渐被与自然皮肤相同的人的胶原质所取代。同时，血管开始向基质内生长，产生和患者原来皮肤性质基本相同的组织。一旦真皮层自己再生，硅树脂的外部保护性外套就可以去除并被一种非常薄的移植物所取代，这种移植物是患者身体上其他部分的表皮组织。巴尔克和扬纳斯在 1980 年以英格拉(Integra)的名字为他们的新产品申请了专利。

扬纳斯最初的构想虽然前景乐观，但他还是遇到了一个大问题。一个严重烧伤的患者没有足够可用的健康皮肤组织来产生表皮，从而代替包裹在人造移植物表面的硅树脂。针对这个问题，扬纳斯的解决办法是研制出一种人造表皮，以使人造真皮与人造表皮的移植同时进行。

扬纳斯计划从患者的健康皮肤中提取基础细胞来产生人造表皮，由于在整个过程中只需要基础细胞，因此对健康皮肤的需求量很小。基础细胞被播种到胶原质基质里，后者位于真皮层(胶原质-硫酸软骨素基质)之上。胶原质基质代替了最初构想中使用硅树脂上层的设计。一段时间后，被移植的基础细胞在基质中繁殖，再生出含有血管和神经的表皮组织。由再生真皮和表皮层组成的新皮肤在功能上和患者原来的皮肤保持了一致。

上述的解释强调了扬纳斯的成功之处，但事实上在这种人造皮肤很好地发挥作用之前，仍有许多技术问题需要解决。例如，他发现为了确保基质能够按照正确的比例退化，基质的设计十分关键。如果退化得过快，烧伤会在新皮肤组织形成之前被暴露在外。如果退化得过慢，新的皮肤组织就会与基质内设计的材料相互混在一起。而且，胶原质的分子结构是确保皮肤替代过程有效的关键因素。胶原质分子需要提供数量合适的位置，在这些位置上真皮细胞在开始增殖之前相互依附在一起。虽然人们还不清楚这种关系形成的原因，但实验表明它的确如此。

组织工程学的另一项研究是从婴儿的包皮中提取人类皮肤细胞，这种细胞的生长速度很快并且可以嵌入基质中，基质可以覆盖在因烧伤、外伤或其他伤害而裸露在外的皮肤组织上。1997 年,一家主要研发和销售人造组织的公司——高级组织科学公司成立了,为公司采用上述技术研发的人造皮肤产品 Dermagraft-TC 开拓市场。另外一家名为器官再生的公司于 1998 年获得了美国食品药品监督管理局的认证,获准销售一种 Apligraf 品牌的人造皮肤。此后,高级组织科学公司停业,但器官再生公司仍然继续经营自己的业务。

尽管组织工程学的发展一直比较缓慢,但许多专家仍然期待它在不久的将来会有更迅速的发展。这种乐观主义建立在诸多因素上,包括目前器官再生公司 Apligraf 人造皮肤取得的成功;许多大学对器官再生研究及应用兴趣的逐渐增长;该领域内新兴起的公司;科研人员对干细胞研究兴趣的逐渐增长等等,而对干细胞的研究可以应用于组织工程学的研究当中。

替代部件

刚刚兴起的组织工程科学所取得的成功,鼓舞研究者们去思考大量生产身体器官替代品的可能性。例如,伊尔安尼斯·扬纳斯研制的人造皮肤取得的成功是他最近研究神经替代品的因素之一。

人们最感兴趣的一个领域是人造血管的研发。目前,心脏病成为威胁美国公民健康的头号杀手,而心脏病的最主要诱因是动脉硬化,即血管内壁形成脂肪堆积,使血液流动受到阻碍。如果能开发一种人造替代品来替代由动脉硬化或其他疾病损坏的血管,每年就可以挽救几百万美国人的生命。

距亚历克西斯·卡雷尔在第一次世界大战期间从事的研究过去的 40 年的时间,这个问题一直没有取得进展。20 世纪 50 年代中期,研究者们开始探索各种制造人造血管的技术,其中一项研究即依赖于生物材料,是制造脉管的基础。例如,一些研究者尝试把牛的血管移植给人类,但是这些移植物通常因退化速度过快而不能起到长期的作用。

在另一项研究中,科学家们开始寻找能够制造人造血管的复合材料。

早期被尝试的一些材料有人造纤维，如尼龙、聚乙烯塑料（主要由乙烯氯化物组成的聚合物）和聚乙烯醇（乙烯醇的聚合物）。这些材料在移植后很快就没有了强度，因而很不成功。

第一种真正成功应用于人造血管的人造材料是涤纶，它是由聚对苯二甲酸乙二醇酯（PET）制成的一种聚酯纤维。这种材料被编织到与自然血管容积相似的细管内，然后细管用凝结的血液或一种很重要的血蛋白进行处理来堵住制作编织结构的小孔。一段时间后，细胞移动到涤纶基质里的血液或血蛋白里沉积成胶原。随着血液或蛋白质的退化，它就被胶原所取代，产生和自然血管相似的脉管。

另一种用于制造人造血管的合成材料是聚四氟乙烯（PTFE），它的商品名铁氟龙也许更为人所熟知。铁氟龙被制成一种没有渗透性、可呈现小圆柱体的薄片，由于它没有涤纶上的那种小孔，因此采用铁氟龙制成的人造血管不需要额外的处理来防止血液渗漏。另外，铁氟龙表面上强烈的负电荷（这也是它在许多商业应用中性质不稳定的原因）可以起到保护作用，以防止人造脉管内血块的形成。然而，人们对铁氟龙血管最初的希望在实验初期即变成失望，因为人们发现这种材料有膨胀破裂的趋势，从而形成动脉瘤。经过改进后，人们使用了更厚的管壁或借助附加物来增强管壁，这种材料在今天被广泛用于人造血管的生产。铁氟龙的结构式如下：

$$\left[CF_2—CF_2—CF_2—CF_2 \right]$$

然而，涤纶仍然是用于人造血管生产最流行的材料。在首次用于动物的实验中，经过处理的涤纶使内部血管壁（称为内膜）基本上能够以与自然过程相同的方式再生。然而移植给人类时，经过同样处理的涤纶却发生了一些不同的反应，在血管内部形成了一层薄（厚约 1 毫米）纤维素层（或假内膜）。而这种纤维素薄层在更大的血管里也会产生影响，这对直径不足 5 毫米的血管是一个严重的问题。在这种情况下，血管里的纤维蛋白与纤维素依附在一起，血管就会逐渐被堵塞。

科学家们继续寻找其他更好的新型材料来制造人造血管。例如在

1990 年，器官再生生物医学公司开始测试一种他们称之为“活的血管相当物”(LBVE)的材料，这种材料的结构和自然血管的三层结构极为相似。这三层包括内皮、平滑肌和连接的组织细胞，它们紧紧结合在一起，涤纶将这三层编织在一起以使其具有更大的强度。

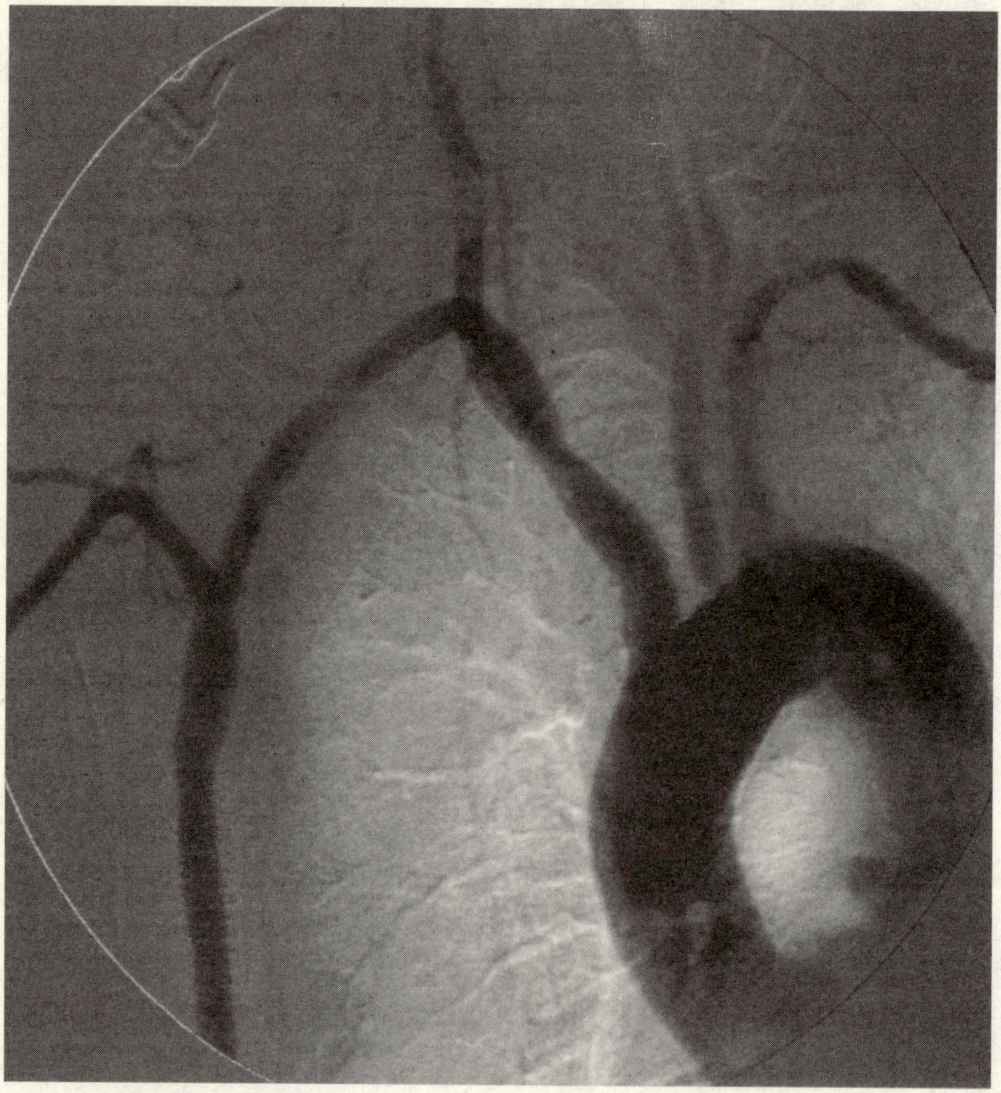

在这幅血管造影照片中，左下方的血管是用人工材料制成的。（西蒙·弗雷瑟[Simon Fraser]/弗里曼医院/图片研究员公司）

2002 年末，斯坦福大学的科学家们公布了利用人体体细胞生产人造血管的进展情况。他们制作出有两层材料的薄片，一层由人体纤维原细胞组成，它形成血管的外壁；另一层由内皮细胞组成，取自于实验的动物，它形成血管的内壁。研究人员在小圆柱体周围通过覆盖这两层薄片来形成血管，然后再将制成的血管移植到老鼠和狗的体内。在两周的时间里，接受移植的动物体内并未发生任何不良反应，但在这两例实验中，研究人员发现这两层薄片存在缺陷。到目前为止，尚未在人体内进行过类似的实验。

在另一个活跃的研究领域中，科学家们正在研究可以替代自然骨骼的生物材料。尽管骨骼从表面上看死气沉沉，但它却是由神经、血管、胶原质和 3 种重要细胞构成的有生命的物质。这 3 种重要的细胞分别为造骨细胞——负责合成新骨骼的细胞、破骨细胞——催化旧骨骼退化的细胞以及和骨细胞——无法再产生新骨骼的造骨细胞的成熟形式。这种生命结构的复杂结合体内嵌在无机材料的基质内，无机材料使骨骼坚硬牢固，这种无生命基质的主要成分是氢氧根磷灰石，分子式为 $Ca_{10}(PO_4)_6(OH)_2$。

人造骨骼替代品主要用来解决两种问题：即骨折和骨质疏松。当骨折发生时，骨骼立即开始通过产生新的骨骼材料以使创面愈合，从而使新的骨骼材料最终和断裂的部分结合在一起。在简单的骨折中，医生可以把骨折的地方包扎在石膏绷带里，以帮助其完成以上提到的愈合过程。石膏绷带起到固定骨骼的作用，直到它们自然地愈合。但在某些情况下，骨折过于严重，断裂处可能需用一些结实、坚硬的材料来固定，直到它们重新长到一起。等到愈合后，支撑物就被除去，但有时也会留在患者体内很多年甚至是终生。

老人也需要骨骼替代品，因为骨质更新的自然过程逐渐衰退，也就是说，破骨细胞继续以正常的速度发挥作用，使旧骨骼破裂；但是造骨细胞的功能下降，产生新骨骼的数量不足以代替因破骨细胞的作用而失去的骨骼。这样，人的骨骼就可能变细、变脆，因而经常引起退化和断裂，这是用于骨折的金属针、棒或片所解决不了的。在这种情况下，外科医生们建议对于破损不能修复的膝盖、臀部或其他一些关节，完全可以使用人造的替代品。

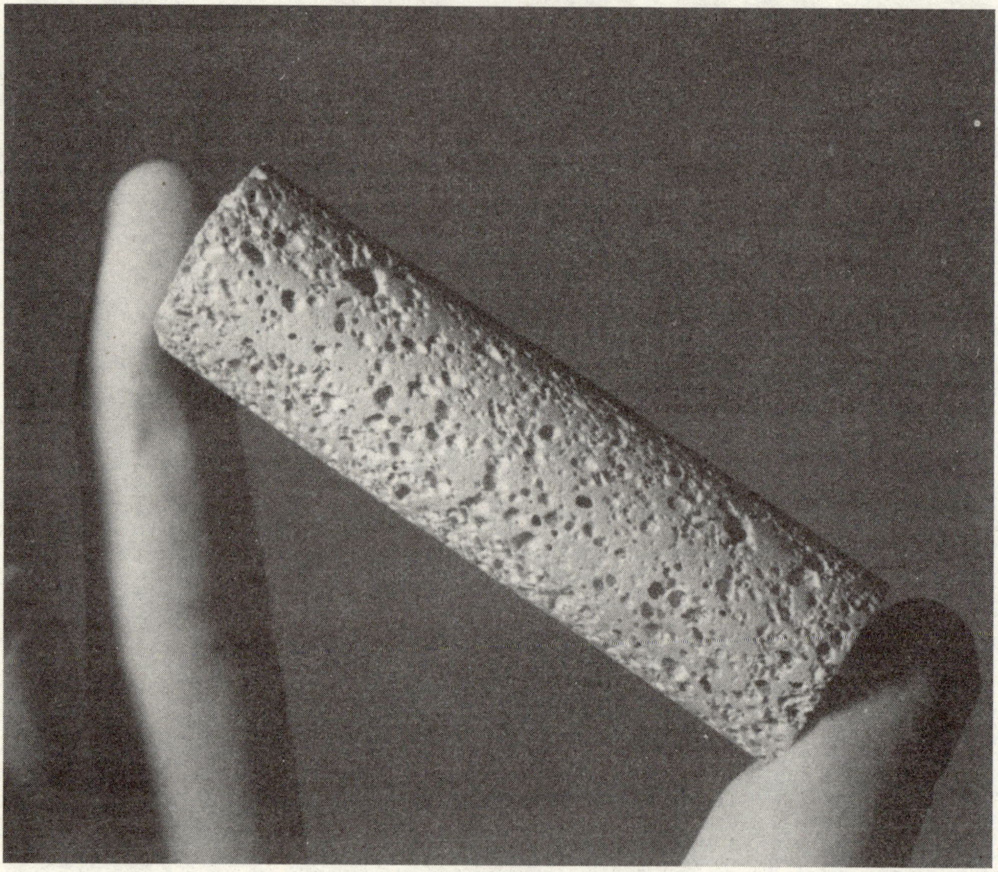

这种生物陶瓷材料是由被灌输了骨髓基质细胞的氢氧根磷灰石制成的。(摩洛·弗玛雷洛[Mauro Fermariello]/图片研究员公司)

最早的骨骼替代品大约出现在1668年,当时一位名为罗布·范·米克恩(Job van Meekeren,1611—1666)的荷兰医生用狗的部分头盖骨,为一个在战场上受伤的士兵进行了头骨移植,手术很成功,但后来这名士兵却要求把它取出,因为天主教教堂告诉他人体内被植入动物的组织是对上帝的侮辱。

由于关节炎及其他骨病造成的伤害,关节替代品在很久以前就受到了医学发明家的密切关注。虽然人们在外科方面所作的努力可以追溯到19世纪,但却直到20世纪中期,该领域才有所进展。1925年,马萨诸塞总医院的马瑞斯·史密斯-皮特森(Marius Smith-Peterson)医生设计了一种玻璃杯，并把它安装在一名患者的股骨头上，这个患者由于膝盖关节炎而导致股骨头受损。但是，实验却由于设备不完善而最终宣告失败。

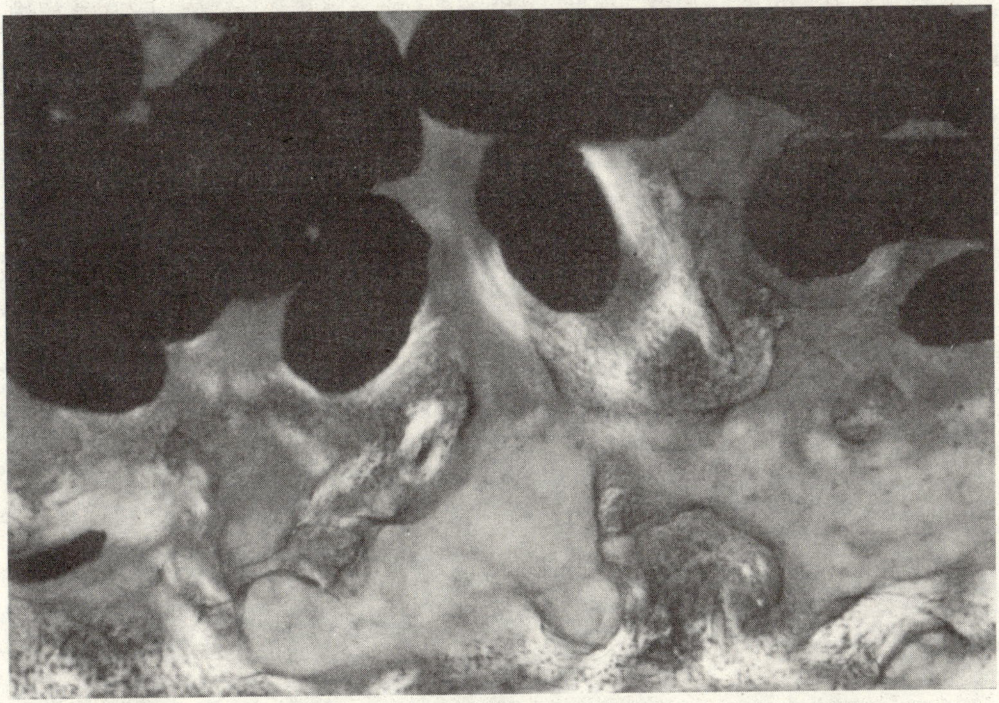

这种材料由加入生物兼容性材料的钛金属制成，用于制作臀部和膝盖骨骼的替代物。（德库斯[Daculsi-CNRS]/图片研究员公司）

10年后，许多新的金属和金属合金也可以用来制造人造膝盖、臀部和其他关节。这些材料包括不锈钢、钴和钛产品。自那时起，这些材料就成为用于制造关节替代品和骨折固定的支撑结构的最流行的材料。

1952年，瑞典整形外科医生珀·英格瓦·布兰马克（Per Ingvar Branemark）的一个重要发现，使人们开始采用这些金属来制造骨骼替代品。在从事一个不相关的项目时，布兰马克发现一支插入兔子腿骨里的钛金属圆柱体和骨骼完全结合在了一起，这一过程后来被叫做骨整合。

目前，大多数骨骼移植物所采用的材料是金属和金属的合金，这些材料和其嵌入的生物组织仅有很小程度的反应，但这些材料却能够为关节或折断的骨骼提供力量和支撑。虽然不锈钢316L、铬钴合金及镍合金

(镍和钛的一种合金)也被广泛使用,但最为常用的产品应属钛和钛合金。采用何种替代品进行移植是由金属在人体内所起的作用决定的,例如,负荷结构主要应考虑其强度,因此强度大的金属和合金适宜用来做移植物。

然而,金属和合金作为生物材料并非没有缺点。虽然它们在生物体系中很稳定,但它们不是完全没有生命的。金属和合金在某种程度上也会发生反应,也就是说金属移植物会随着时间的推移而逐渐退化。人们研究了许多方法来避免这种问题的出现,例如,人们有时用陶瓷材料将金属移植物连接在现有的骨骼上,陶瓷材料起到了金属和骨骼里的生命物质之间的缓冲器一样的作用。

然而在最近几年,人们对尝试开发非金属生物材料的兴趣有所增长,非金属生物材料既包含了金属的优点(强度和硬度),也避免了它们的缺点(和身体组织发生反应)。已经被研制出来的一组合成物有聚乙交酯(PGAs)和聚丙交酯(PLAs),二者分别是乙二醇酸和乳酸的聚合物。这两种合成物的化学式如下所示,其共聚物也被开发出来并经过了测试。

乙二醇酸: $CH_2OH\ COOH$

乳酸: $CH_3CHOHCOOH$

这些聚合物的优点是它们的退化速度很慢,只产生水和二氧化碳两种废料。而且,当它们被植入人体后,人体免疫系统仅产生很小的或者不产生排斥反应,新的骨骼随着聚合物的退化而逐渐生长出来。这种材料最大的缺点是它们不如金属和合金那样强硬,因而不能用作承受重量较大的骨骼的替代物。

这些聚合物以一种支架的形式模拟自然骨骼的形状,支架为造骨细胞可以再生新的骨骼提供了空间。当再生结束时,新骨骼就可以接替骨骼移植物暂时发挥的结构功能。

此外,研究者们还一直在探索使用无机材料来制作人造骨骼的填充物,尤其是和自然骨骼材料密切相关的无机材料。例如,加利福尼亚的药物设备制造公司研发的氢氧根磷灰石骨骼替代品在 1992 年获得了认证,该产品名为"Pro Osteon",主要由珊瑚制作而成,研究人员将珊瑚加热到

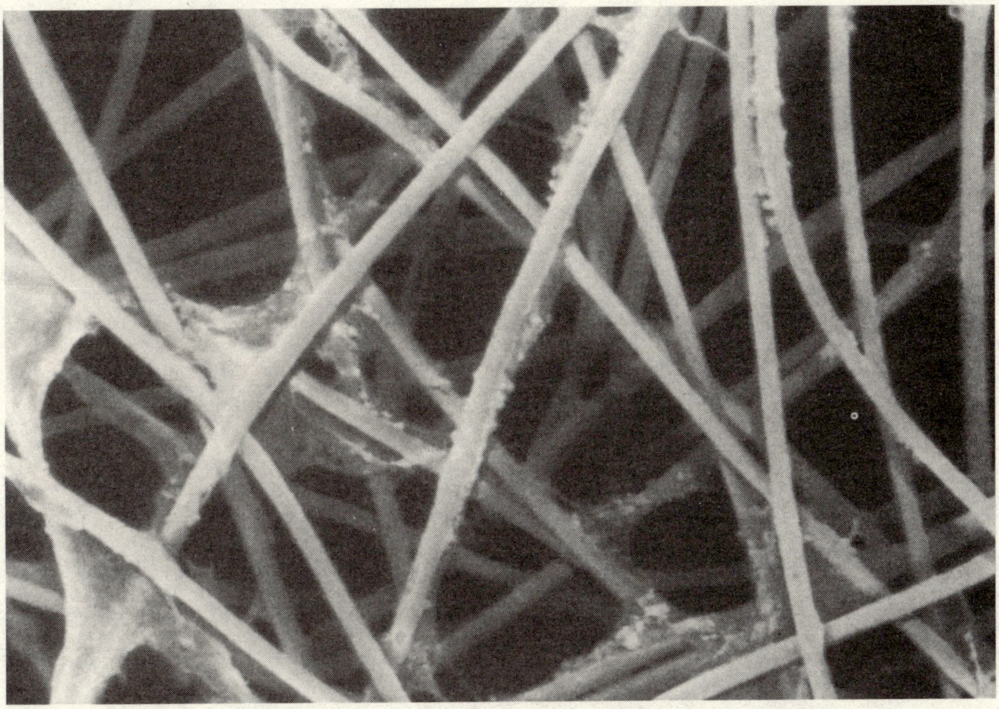

电子显微照片呈现了人造软骨的结构，其中含有内嵌软骨细胞的聚乙交酯纤维基质。(戴维·莫内[David Mooney]/图片研究员公司)

2 000 ℃，从而获得了纯度为 95%的氢氧根磷灰石(珊瑚的主要成分)。然后再将该材料放置到支架式的自然骨骼中，并利用 γ 射线进行杀菌。

另一种方法是把简单复合材料人工合成一些类似骨骼的合成材料。例如，在 20 世纪 90 年代奥斯特医药公司的一个研发项目中，研究人员将钙金属、氢氧化钙和磷酸在 700℃—8 500 ℃的温度下同时加热。这个反应生成了带有气孔的氢氧根磷灰石，气孔的大小可以通过调节反应的条件来控制。公司打算以 Megagraft 1000 的名字将这种产品推向市场。

其他研究者正在考虑使用无机复合材料的可能性，这种无机合成品和骨骼里的天然氢氧根磷灰石相似(但是不完全一样)。到目前为止，有超过 24 种硫酸钙和磷酸钙的合成品经过了测试被用来制作可能的骨骼替代品。人们对硫酸盐的使用很不成功，但其前景也更为乐观。硫酸盐的优点是可以被放置在支架内以促进新骨骼细胞的生长，缺点在于硬度不够,而且目前的生产费用较高。

由 Isis 创新有限公司(牛津大学的一个独资附属机构)研究的一个方法是在室温条件下,将磷酸钙沉积在胶原质上。当 o-磷酸丝氨酸参与到反应中时,磷酸钙便以小"针"的形式沉积在胶原质上,这种结构为造骨细胞和其他骨骼细胞的生成提供了足够的表面积。

2002 年,日本奥林巴斯电气化学公司宣布他们已经开始对 Osferion 人造骨骼替代品进行测试。这种材料由一个可高度渗透的 β-磷酸三钙(β-TCP)支架组成,其中含有不同的骨骼细胞。骨骼细胞的作用在于,当其退化时会促进新骨骼材料的生长来代替 β-TCP 支架。

研究人员对替代品材料和结构的研发取得了惊人的进展,替代品几乎涉及每一种可能的身体部位。然而,在多数情况下,这些开发目前只局限在少数的实验用途中。在这些替代品的性能更加可靠、价格更加合理,并能广泛用于修复和代替被伤害和疾病所损坏的器官之前,仍然有许多技术问题需要解决。

人造血液

人造血液是需求量最大的人工生物材料。在美国每年有超过 1 200 万人需要输血,而其他国家需要输血的人数则更多。当然,用于血液输送的最理想的物质是人类自身的血液,但是由于许多原因,我们不可能完全依靠自己的血液进行输血。

首先,充足的血液供给在需要的时候和地方可能并不容易得到。例如,医学工作者手边可能没有足够的人类血液来治疗事故或恐怖袭击的受害者、战场上的伤员或其他的一些大型急救过程中的伤员。另外,有一些宗教信徒,他们的信仰不允许他们接受其他人输送的血液。而且,实际上,人类血液的输送可能在自身就存在着健康危机,例如血液中可能含有病毒或其他引起疾病的有机体。最后,人类捐献者的血液供给在贫困国家通常是不足的,因为那些地方没有健全的血库计划。

人类血液是具有各种功能的复杂混合物,血液的功能依赖于 4 种主要成分：红血细胞、白血细胞、血小板和血浆。当一个人快速失血时，如果没有白血细胞（只在阻止传染时需要）、血小板（身体里含有大量额外的血小板）和血浆（可以被一种等渗的液体代替，如含盐的溶液或林格氏溶液），身体至少可以在很短的时间里存活。但是使用红血细胞替代品，生命则不会维持很长时间。红血细胞把氧从肺运送到其他细胞，氧被其他细胞用于进行新陈代谢过程，从而维持人体的功能。

事实上，不是红血细胞本身对生存起到关键的作用，而是细胞内的血红蛋白分子。血红蛋白分子由两对相同的多肽链组成，名为阿尔法1和2（α1和2）链和贝塔1和2（β1和2）链。这4条链相互连接在一起，其排列方式叫做四聚物（4个部分）。

◁托马斯·张（1933—　）▷

科学研究不是一个立竿见影的工作，有时候研究者要花费十几年或者更长时间，有时甚至要耗费他们毕生的精力才能实现目标。在生物医学研究中也经常是这样，仅仅一个发现或发明并不是一个研究项目的终点。通常情况下，发现或发明必须经历长期而复杂的测试阶段，这可能会持续10年或者更长时间。人造血细胞之父托马斯·明·思威·张（Thomas Chang）的故事就是这样的。

1933年4月8日，托马斯·张出生在中国南部沿海城市汕头。他的爷爷是一名非常成功的实业家，张的家人在1950年离开了汕头到了香港。他的家人对他决定成为医生的想法感到很失望，因此他向家人承诺他要去世界上最好的大学并"光宗耀祖"。托马斯·张在1957年获得了生理学学士学位，1961年在麦吉尔大学获得了医学博士学位。30多年后，他又在1995年获得了麦吉尔大学授予的生理学博士学位。

1956年，张首先对再造人体红血细胞的可能性表现出非常大的兴趣，那时的他还是蒙特利尔麦吉尔大学的一名本科生。1996年，他对学校里的时事通讯《麦吉尔新闻》(*McGill News*)的一名记者说："我认为，如果可以制造人造器官，为什么不能制造基本单位——细胞呢？"事实上，他成功地把一个直径为1毫米的人造细胞和一层薄膜结合在了一起，这层薄膜是用围绕有一个血红蛋白分子的硝棉胶制成的，虽然这个细胞不能像自然的红血细胞那样在有机体里发挥作用。

将近半个世纪后，张还没有放弃他对人造红血细胞的追求。尽管他的研究已经取得了许多重要的突破，但还没能研制出可以在身体中发挥作用的产品。然而，张没有放弃他的目标，他对时事通讯的记者说："我是一个固执的人，我决不轻易放弃。"

作为助理教授(1966—1969)、副教授(1969—1972)和教授(1972至今)，张在麦吉尔大学度过了他的整个学术生涯。他共发表了400多篇科学论文和21本著作，目前他担任国际期刊《人造细胞》(*Artificial Cells*)、《血液替代品和生物技术》(*Blood Substitutes & Technology*)的主编。1991年，张被授予次等加拿大官佐勋章，以表彰他对国家和世界做出的重大贡献。

这4条链中的每一条都是一组亚铁血红素，其中含有单独的铁原子(铁(Ⅱ)，Fe^{2+})。遇到氧分子时每个铁(Ⅱ)原子都可以与单个的氧原子结合，形成叫做氧基血红素的复合体。血流把氧基血红素运送到个别缺氧的细胞，氧基血红素破裂形成原始的血红蛋白分子并把氧释放到细胞里。

生产人造血液的一个可能的方法是把血红蛋白从红细胞中移走，直接放到失血病人的血管里。然而，这些实验在真正被实施时，结果却是灾难性的。红细胞保护性外套外面自由的血红蛋白很快就分裂成两部分，即四聚物削减成二聚物("两部分")，而形成的二聚物对肾脏是有毒的！血红蛋白是人体里最重要的维持生命和挽救生命的分子之一，但它一旦从红细胞的"家"里被移走，就成了可怕的杀手。

由于发现了这个结果，研究人员开始了另一种尝试，他们把纯血红蛋白以一种方式"捆"在一起以阻止毒素的产生。这种经过改进的血红蛋白被称做血红蛋白相似物，共有两种类型，分别为包裹血红蛋白和交联血红蛋白。

第一个包裹血红蛋白是在 20 世纪 50 年代中期，由托马斯·张发明的，当时的他还是蒙特利尔麦吉尔大学生理学系的一名本科生。张从红细胞中提取血红蛋白，把它嵌入一个人造细胞里，这个人造细胞的薄膜是由人造聚合硝酸纤维素制成的。该产品出现的第一个问题是它在血液里短暂的半衰期，半衰期一般只有几个小时。为了解决这个问题，张和其他的研究人员用各种材料制作人造红细胞的薄膜，包括硝酸纤维素、聚苯乙烯、尼龙、硅橡胶、聚酰胺、单独的油脂及油脂和蛋白质、胆固醇、聚合物的各种混合物。今天，用于制作薄膜的最流行的材料是微脂粒。微脂粒是在显微镜下才能看见的微小物质，由两层油脂（含脂肪）材料组成，既有亲水性又有疏水性（亲水化学品容易和水混合；疏水化学品不易和水混合）。微脂粒的内部含有水溶液，血红蛋白悬浮在其中。

包裹血红蛋白的研究已经进行了 50 余年，但在人体实验中并未取得任何进展，因此它的前景并不乐观。尽管如此，由于包裹血红蛋白和自然的红细胞非常相似，因此一些专家相信用它来制造人造血液产品仍是最具希望的。

另一个在短期内更有前景的方法是使用一种血液相似物来生产人造血液，它会使新的化学品和一个单独的或两个或者更多的血红蛋白分子结合。这种交联能够稳定血红蛋白分子，防止它在进入血液时分化成有毒的二聚物。

最简单的交联方法是在血红蛋白分子中的阿尔法链和贝塔链之间添加黏合剂来增加稳定性。更常见的方法是，研究人员把两个或更多的血红蛋白分子结合在一起，形成一种被称为复合血红蛋白的复合体。复合血红蛋白可能含有从少数到几千个相互联结的血红蛋白分子。分子内的关联还可以和分子间的关联相结合从而产生更大的序列。

对复合血红蛋白的研究自 20 世纪 60 年代以来就一直没有停止过。现在，一批“第一代”产品已经用于测试，有时还可用于有限的人体实验。这种第一代的复合血红蛋白存在的主要问题是在身体内的存留时间过于短暂。研究人员现在正在研究第二代产品，它具有第一代复合血红蛋白所不具备的一个重要性质：即包含某种抗氧化的酶，例如自由的氧原子团。氧化会攻击血红蛋白而将其变成一种修正的形式,这种形式叫做高铁血红蛋白,它不能和运输氧相结合。

第三代复合血红蛋白的研究也开始展开了,研究人员从第二代的研究中开发出了一种类似薄膜的封皮,用来包裹聚合血红蛋白加酶的体系。持乐观态度的观察者预测这种产品至少会用于测试,也可能在下一个10年里或更长的时间真正用于人体。

截止到2006年末,在美国没有哪一种可供人类使用的血红蛋白相似物得到认可。比普勒医药公司生产出一种名为“奥克斯血红蛋白”的兽用产品,在美国和欧洲经过了认可。该公司推出的另一种产品“人用氧治疗剂”于2001年在南非获准上市,这使它成为世界上第一个获得批准用于人体的血红蛋白相似物。南非政府称该产品将用于输血,因为该国人体血液供给因受到艾滋病病毒或丙型肝炎病毒的污染而存在很大的风险。

在美国,人用氧治疗剂还被用于大约40例体恤医疗中。体恤医疗是指在特殊的情况下,患者的医疗条件非常恶劣,因此,美国食品药品监督管理局就会特批将未获认可的药物用于人体。

2001年8月,诺斯菲尔德实验室的研究人员向美国食品药品监督管理局提交了他们研制的人造血液产品PolyHeme。PolyHeme是通过从红细胞中提取血红蛋白,经过过滤去掉杂质,然后再经过化学上的改进而得到的聚合血红蛋白相似物。

一些研究人员正在探索一种完全不同的人造血液的生产方法,这种方法主要是利用人工合成的方式得到一种与血液性质类似的非天然物质,其优点是避免使用人类或动物的血液或它们的任何成分。其中的一项研究使用了一类叫做全氟化碳(PFCs)的化学品,其碳氢化合物中所有的氢都被氟原子取代了。第一个在商业上销售的全氟化碳名为Fluosol-DA,是由日本绿十字公司生产的。Fluosol-DA是全氟萘烷($C_{10}F_{18}$)和全氟三丙烷($C_9F_{21}N$)的混合物,并受到了氧乙烯和氧丙烯的共聚物聚醚F-68的乳化作用。

1983年,美国食品药品监督管理局批准Fluosol-DA可在冠状动脉成形手术中作为血液的替代品受限制使用。然而,它的使用却引起了许多问题。例如,患者不得不依靠呼吸纯氧来达到血液中的氧浓度。而且,研究人员还发现这种产品积聚在体内的网状内皮系统(RES)里,网状内皮系统的功能是保护机体不受感染。由于上述及其他一些问题,绿十字公司在 1994 年停止了 Fluosol - DA 的生产。

然而,研究人员对全氟化碳的研究并没有停止。的确,它在阻止这些混合物保留在网状内皮系统上取得了一些成功,但呼吸需要高氧浓度的问题还没有被解决。前景最为乐观的一种产品是由联合药品公司开发的一种名为"Oxygent"的产品。Oxygent 是在对全氟化碳稍加修改的基础上制成的,这种修改形式叫做全氟溴烷,是全氟溴辛烷($C_8H_{17}Br$)混有少量全氟溴癸烷($C_{10}F_{21}Br$)的商标名。这两种产品都是全氟化碳末端的单个氟原子被溴原子所取代的形式。Oxygent 比 Fluosol - DA 更加稳定(零度之上储存,其贮藏期限约 2 年),并且它具有更高的输氧能力(大约是 Fluosol - DA 的 5 倍)。2006 年末,处在第三阶段临床实验中的 Oxygent 正在向美国食品药品监督管理局申请,希望能够获批用于人体。

生物材料工程学家制造一个真正的仿生学的男子或女子的那一天还没有到来。如果研究者们在他们对人造皮肤、血管、骨骼和血液的研究中发现了任何东西,那么这些有生命的系统比许多科学家们所认为的要复杂和微妙得多。用人们最了解的生物、化学和物理技术对它们进行的复制在本质上仍远远达不到完美。而且,给人留下深刻印象的进展只发生在那么几十年里。但是,人们可以乐观地认为,在从现在开始的另一个几十年里,人造的皮肤、血液和骨骼,以及其他许多的人造身体部件和材料将会问世,并得到广泛的应用。

4 纳米材料

1959年12月，诺贝尔奖获得者理查德·费曼（Richard Feynman）（1918—1988）在美国物理学会（APS）的年会上发表了一篇题为《底部仍有很大空间》（*There's Plenty of Room at the Bottom*）的演说，这篇演说标志着材料科学领域即将发生重大的革命。费曼在开篇中并没有罗列出大量的物质，并按照人们期待的那样使其呈现某种形状或具备某些性质，相反他提出了利用控制单个原子和分子来了解其精确结构的可能性。费曼以物理学界所面对的两大挑战结束了自己的演说：其一，制造出形状如立方体、边长不超过1/64英寸（0.037厘米）的电机；其二，将印刷材料缩小为其标准尺寸的1/25 000，人们可以通过电子显微镜来阅读。

费曼那种老练而又巧妙的幽默早就为人所熟悉，他出资1 000美元用于迎接挑战的举动，使一位大学教授因此发了笔小财。因为费曼认为仅仅凭借他的成就之一就会使他坚信上述两个挑战几乎是不可逾越的。但出乎费曼意料的是，在不到1年的时间，他不得不为此支付了一个1 000美元，因为一位发明者将他演说中提到的微型电机呈现在了他的面前。尽管费曼取得了辉煌的成就，但是他关于材料科学革命性新方法的远见卓识在他的有生之年并未实现。原因十分清楚：那就是人们对如何提取并移动原子并不了解。

然而，不到20年后，麻省理工学院（MIT）的一位研究生开始沿着与费曼相近的轨道进行思考。最初，K. 埃里克·德雷克斯勒（K. Eric Drexler，1955—　）对费曼那篇著名的演说并不了解，但是他进入麻省理工学院时，正值科学家们首次研究蛋白质合成过程中的脱氧核糖核酸(DNA)和核糖核酸(RNA)。对于其他类型的分子是否也能像核酸分子那样进行精确地自我复制并产生新的分子这个问题，德雷克斯勒开始了冥思苦想。假设科学家们能够发现极小的具备自我复制能力的分子(德雷克斯勒称之为“复制器”)，以及能够产生特定分子成品的其他分子(德雷克斯勒将其称作“装配器”)，那么材料科学领域里一种全新的研究方法才有可能实现。其实，这种方法现在已经成为现实，即分子制造，或者称为纳米技术。

什么是纳米技术?

“纳米技术”一词中的前缀 *nano* 来自希腊语，意为“矮小的”。1 纳米(nm)等于 10 亿分之 1 米(10^{-9} m)，大约相当于头发直径的一万分之一。纳米技术这一术语通常指利用原子和分子创造新物质的技术，其研究尺寸范围在 1—100 纳米之间。很多原子和分子的尺寸仅有几个纳米，甚至更小。例如，氢原子的直径在所有原子中是最小的，仅为 0.078 纳米。大多数普通的生物分子都是由数以千计的原子所组成，其大小约为 10 纳米或更大一些。

然而，人们在使用“纳米技术”这一术语时，有时会引起歧义。在一些情况下，该术语被简单地用来描述尺寸“极小”的物体和现象，例如几微米。1 微米(μm)等于十万分之一米(10^{-6} m)。1 微米非常的微小，这一点毫无争议；例如，我们头发的直径大约为 10 微米。即使这个尺寸如此之小，1 微米仍是 1 纳米的 1 000 倍，基于分子层面进行的研究工作，准确地说应称为“分子技术”。然而，在亚微米范围(10—1 000 纳米)内从事的研究活动则既可以称为分子技术，又可以称为纳米技术。

那么，这样的命名有何含义呢？“分子技术”和“纳米技术”之间存在什么差别吗？在某些情况下，答案是肯定的，通常完全出于非科学的原因。自从 20 世纪 90 年代以来，纳米技术已经成为一个热门话题。无论是在科学界、政府组织还是广大民众眼中，纳米技术都被视为可以极大地改变人们生活及环境等一系列重要突破的可能来源。与那些传统的缺乏“革命性”的项目相比，贴上“纳米技术”标签的新研究或许可以获得更多的资金投入。

◀理查德·费曼(1918—1988)▶

世界上的文学作品中包含了大量试图预测人类文明未来的科幻故事。科学家与小说家们一道，也为我们描绘出许多的奇思妙想，诸如人类飞上月球(约翰内斯·开普勒[Johannes Kepler]发表于1591年左右的《梦游记》[*Somnium*])，不借助动力也可以在天空翱翔的飞行器(莱昂纳多·达·芬奇[Leonardo da Vinci]于16世纪末设计的直升机)，以及人类与外星入侵者之间进行的星际大战(赫伯特·乔治·威尔斯[H. G. Wells]完成于1898年的《世界大战》[*The War of the World*])。暂且不论这些故事是否是作者利用手边的资料进行构思的，但从作者的角度来看，它们总是在很大程度上取决于作者的创造力，而且几年、几十年或者几百年后，这些故事或许就可以得到科学发明的精确验证。也许，这些故事无非就是作者任由想象力纵横驰骋的产物，永远不可能成为现实。但作为20世纪的预言家，其中一个伟大的名字不能不提，这就是理查德·费曼(Richard Feynman)，他预言了纳米技术的产生。

1918年5月11日，费曼出生在纽约市。他曾就读于麻省理工学院(MIT)，并于1939年获得了学士学位。1942年在普林斯顿大学获得了物理学博士学位。第二次世界大战期间，费曼进入洛斯阿拉莫斯国家实验室参与曼哈顿计划，主要负责带领团队利用弥漫的方式研究分离铀的同位素。战争结束后，费曼应邀到康奈尔大学物理系任教。1950年，任职于加利福尼亚理工学院。费曼主要从事量子电动力学的研究，凭借他在所研究领域里取得的成就，于1965年获得了诺贝尔物理学奖。

1959年12月，费曼在美国物理学会(APS)上发表了一篇现在非常著名的演说。他在演说中描绘了一种材料制造的新方法，这种方法与以往存在极大的差异，甚至人们从未尝试过。对此，他的听众们持有怀疑的态度。费曼那种独有的古怪的幽默已广为人知，当他建议人们开始思考逐个排列原子或分子来进行材料制造的可能性时，与会者们都无法决定是否应该同意费曼的观点。费曼指出，纵观历史，科学家们已经将一种灵活的方法应用于材料科学领域。为了使它们具备人们期望的性质，他们把大量的物质进行切割、弯曲、扭转及塑形。但是，费曼发现物理学中没有任何法则禁止科学家们从最底部开始，通过提取和移动单个的原子及分子来得到他们想要的东西。甚至半个世纪以后，人们对费曼的构想以及他对材料科学未来发展的预测能够在多大程度上实现还不完全清楚。

作为一位出色的教师和广大民众的科学技术讲解员，费曼享有着广泛的声誉。他的《费曼讲物理》(*Feynman Lectures on Physics*)(共3卷，与R. 莱顿[R. Leighton]及R. 桑兹[R. Sands]共同完成)仍然是目前同类书籍中最为优秀的作品之一。此外，费曼还完成了两部引起巨大轰动的著作，分别为《别闹了，费曼先生》(*Surely You're joking, Mr. Feynman*)(诺顿出版公司，1985年)和《你管别人怎么想?》(*What Do You Care What Other People Think?*)(诺顿出版公司，1988年)。留给人们印象最为深刻的也许是费曼在1986年接受委派，负责调查"挑战者"号航天飞机失事所做的工作。作为调查组成员，费曼在镜头前向人们解释了爆炸是由于橡皮环设计的不合理所导致的。此后，费曼一直在加州理工学院工作，直到1988年2月15日，在与腹腔癌症抗争了8年后在洛杉矶辞世。

然而，人们对分子技术和纳米技术最具意义的区分并不在规模上，而是体现在有关材料科学的不同理念。因为在人类历史中，几乎所有情况下，人们都是首先堆砌大块的材料，然后大刀阔斧地将其修整成合适的尺寸和形状，最后制造出新的产品。原始人用硬石块将骨头、木头或其他材料打造成箭和矛。今天，现代人用复杂的机械设备将铝、钢材及其他材料进行扭转、切割和焊接，从而制造出车身、摩天大楼的框架、电冰箱和其他东西。

与原始和现代技术不同的是，分子技术和纳米技术在生产中均依赖一种"自上而下"的方法。这种方法首先将数以万亿的原子和分子进行排列，然后通过外力使其呈现出人们想要的形式。

也许理查德·费曼已经构思出材料科学中传统的自上而下的方法可以通过控制单个原子和分子的方式而得以发展。他设想人们可以利用更小的机器生产出更小的机器……直到这些机器小到能够操控单个的原子和分子，为迎接费曼第一个挑战应运而生的第一台电机就是这种理念的产物。问题是采用这种方法制造出的物质，毫无例外的都有瑕疵，裂缝、小洞及其他缺陷最终会导致整个产品的失败。

对于如何利用原子和分子制造新型材料，埃里克·德雷克斯勒持有不同的观点。他建议我们应从底部开始，就像玩拼接组合玩具或乐高积木那样，利用原子和分子来搭建大型的物体。这种方法可以被描述成生产新型材料所采用的“自下而上”的方法。采用该方法时，原子和分子按照事先设定好的方式排列在一起，每一个粒子都找到自己精确的位置，因此我们就可以得到汽车框架、I 型标，或是具有完美分子结构的烤面包机。这种产品没有任何瑕疵，因此会比我们现在使用的产品更加持久耐用。

在纳米层面贯彻了“自下而上”理念的研究有时也用来指“分子化纳米技术”，其目的在于区分自上而下的纳米研究。

德雷克斯勒也许是第一个全面、连贯地描绘出纳米技术和材料科学中自下而上方法的人，然而，他并不是从事此类研究的第一人。事实上，在 20 世纪 80 年代，一批新技术的出现使科学家们按照德雷克斯勒的描述从事相关研究成为可能。然而就在十几年前，这项工作还被认为是天方夜谭。

在 1989 年，IBM 阿尔梅登研究中心的两位研究人员唐纳·M. 艾格勒(Donald M. Eigler)和艾哈德·K. 施维泽(Erhard K. Schweizer)利用扫描隧道显微镜(STM，发明于 1981 年)，用 35 个氙原子拼写出了“IBM” 3 个字母，其中字母“I”用了 9 个氙原子，“B” 用了 8 个，而字母“M”则用了 13 个氙原子。艾格勒和施维泽的研究成果向人们证实了对单个原子的操控并非天方夜谭。

今天，科学家们通常对两种纳米技术进行区分。对于大多数研究人员来说,这一术语在广义上可以用来指任何在纳米层面进行的物质研究,而且,这种研究可以采用多种方法,既包括自上而下,也包括自下而上的方法。另一种类型的纳米技术,有时被称作“德雷克斯勒纳米技术”,其含义则更加明确。这一技术指具体的一批纳米规格的物质——其中包括复制器和装配器,二者均是由操控单个原子和分子的方式产生的。目前,纳米技术在其最广泛的意义上成为一种最具现实性的技术,并将在未来的几十年中成为最激动人心的研究领域,对此,没有哪位科学家持有怀疑态度。很多人对德雷克斯勒纳米技术提出质疑并表示,虽然该技术在理论上十分诱人,但在现实世界中,它永远都不会对具有生产价值的研究工作给予实际支持。

德雷克斯勒纳米技术

人们普遍认为埃里克·德雷克斯勒是“自下而上”纳米技术的奠基人,这种认可在很大程度上取决于他在 1986 年完成的书籍——《创造的引擎:纳米时代的到来》(*Engines of Creation: The Coming Era of Nanotechnology*),作者用平实的语言简要论述了分子化生产的基本原则,因此连非专业人员都能够读懂。6 年后,德雷克斯勒完成自己关于分子化生产的第二本著作——《纳米体系:分子化机械、生产及计算》(*Nanosystems: Molecular Machinery, Manufacturing, and Computation*),该书主要针对科学界人士。在书中,德雷克斯勒对纳米级装置在发展过程中涉及物理学和化学之间存在的分歧加以了论述。

很多(也许是大多数)科学家对德雷克斯勒在上述两本著作中提出的基础的、技术层面的论述不会有疑义,但他对这些科学原则对未来研究工作指导的推论,却引起了激烈,甚至是尖刻的争论。争论主要围绕着其中一个观点展开,这就是德雷克斯勒相信那种自下而上的技术最终能够促成 3 种新型、强大的纳米级装置——装配器、复制器及纳米计算机的诞生。

所谓“装配器”是一种用来执行机械动作的纳米级装置,例如将一个原子拿起并放置在另一个位置上。与之类似的一种装置——分解器，与装配器的功能相似，只是分解器是将物质分解而不是合并在一起。装配器可以有多种形状，这要取决于人们期望它们具备何种功能。大多数的工程师能够通过大规模的部件辨别出装配器的不同类型及元件，一些装配器以及由它们构成的设备诸如水泵、轴承、电缆、撑木、大梁、扣件、传动轴、齿轮、夹子、传动带、电机、集装箱等等。所有这些装置和设备在每天都被用来制造、存储以及操控各种物质和材料。这些按照纳米级设计的装置唯一的差别在于其尺寸，它们仅包含几千或几百万个原子和分子，而不是同类日常物品中包含的数以万亿的微粒。一部纳米级机器的照片请见下图，图中计算机模型呈现出的每一个球体，代表了分子化轴承中一个独立的原子，在理论上，除了在规模上小的多得多以外，它与肉眼可见的轴承的工作方式完全相同。

大量不同种类的装配器使得人们可以按照预先确定好的方案，通过移动单个原子和分子来创造任何想要的材料。采用这种方法得到的材料将会具备完美的结构，因为每一个原子和分子都在各自精确的位置上，与按照传统自上而下方式生产的产品相比，这种材料没有任何瑕疵，因此也更加经久耐用。

复制器是一种可自身复制的专门的装配器，在所有生物化学分子中，它与人们最熟悉的脱氧核糖核酸 (DNA)有着相似的概念。DNA 分子能够精确地进行自我复制，如果在复制过程中出现错误，它们甚至还可以修正，以确保完全按照原有的分子进行复制。但是 DNA 分子既可以被看成是装配器，同时也可以当做复制器，因为它们能够将细胞中的物质提取出来，然后再按照生产核糖核酸(RNA)分子的要求进行排列。

纳米计算机是一种纳米级装置，能够对装配器、分解器和复制器传达工作指令。历史上曾经出现了两种类型的计算机：机械计算机和电子计算机。前者依靠机械为动力，通过移动横杆、棘轮、圆盘以及其他代表数值的装置进行运算。第一台计算机——查尔斯·巴贝奇(Charles Babbage)的差分机(巴贝奇 1821 年的构想)需要按照机械原理进行操作。与之相反，现代计算机则需遵循电学及磁力原理，电流的脉冲使磁性材料

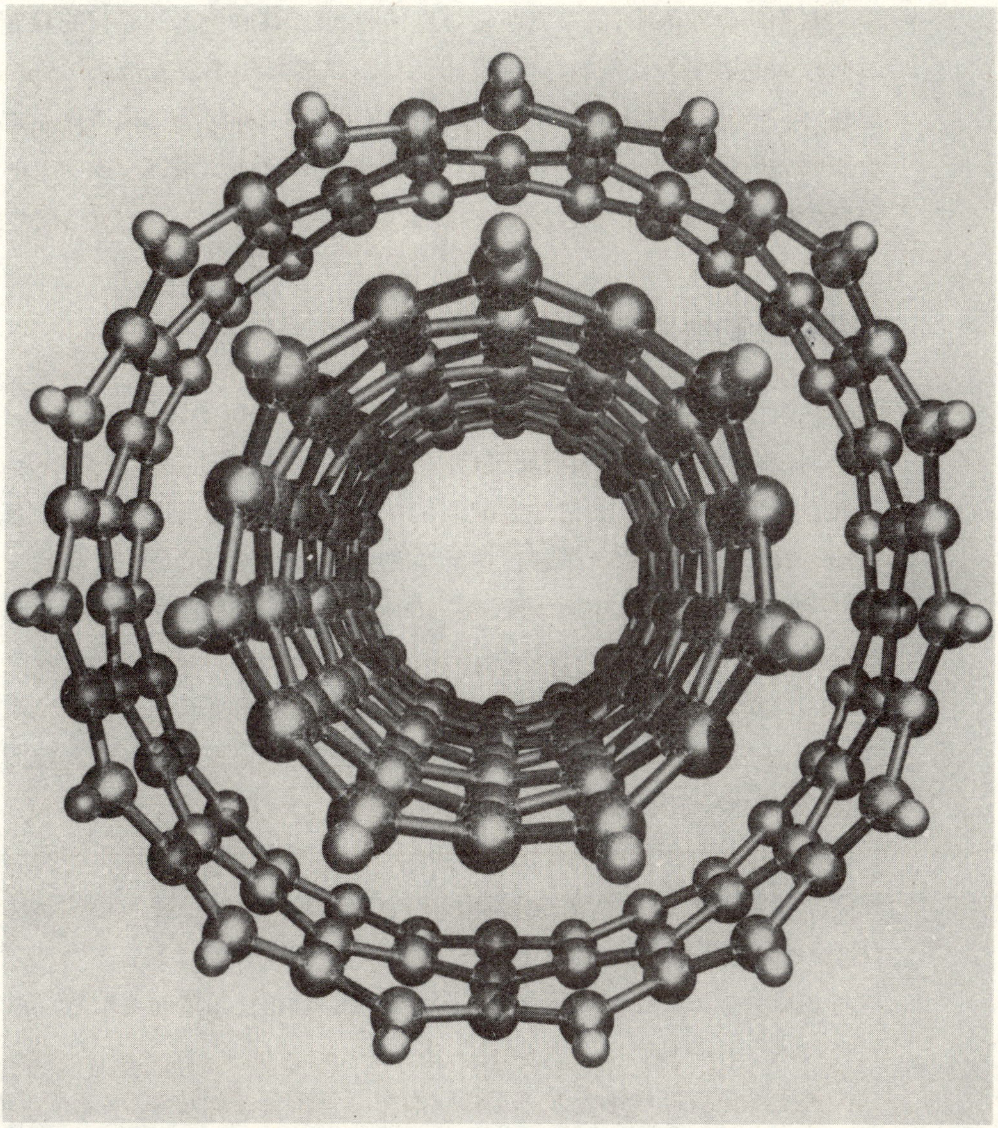

这张计算机模型为我们描绘了与实际大小的轴承功能相同的分子化轴承，二者唯一的差别在于原子量的不同。(阿尔弗莱德·帕斯卡[Alfred Pasieka]/图片研究员公司)

呈现两种状态：磁化或非磁化；“开”或“关”，或者“1”或“0”。电子计算机与机械计算机相比，运算速度更快，但与此同时也需耗费更多的电量。在这一点上，人们对采用机械或电子原理设计的纳米计算机是否能够更加高效地工作还不十分明了。

对于非专业人士，德雷克斯勒对复制器、装配器和纳米计算机的设想具有极大的吸引力。例如，这种设想已经给许多科幻小说家带来了创作灵感，作者们认为纳米装置最终一定能够问世，并将对世界的未来产生重大影响。但是，也有一些科学家对此持否定态度，他们反驳说，技术上的限制使德雷克斯勒纳米装置不大可能会成为现实。

德雷克斯勒纳米技术引起的反应

纳米技术中自下而上的方法是否具有可能性已经不再是什么问题，每个月都有关于纳米级装置研究取得进展和基本粒子引起现象的报道。然而在科学家中间，有关诸如装配器和复制器之类的德雷克斯勒纳米装置能否真正实现，仍存有争议。这场争论可以追溯到 20 世纪 80 年代末《发明的引擎》一书的出版。例如在 1990 年，一位名为西蒙·加菲科尔(Simon Garfinkel)的记者发表在《全球评论》(*Whole Earth Review*)夏季刊的一篇文章中提到了“纳米技术的崇拜”，他写道，分子化纳米技术预示了“对原子进行操作就如同模型制造者用木棍和泡沫球工作一样”。但问题在于，加菲科尔指出，“原子并不像那样工作”。

由于本身并不是科学家，加菲科尔是在采访了众多麻省理工学院的化学教授后得出了关于分子化纳米技术的结论。如罗伯特·J. 希尔比(Robert J. Silby)教授指出：“分子并不坚硬，它们不断振动并容易弯曲。”这种观点会让人们得出如下结论，即诸如装配器和复制器之类的物理装置在技术上并不具有可行性。

关于德雷克斯勒纳米装置是否具有可行性的争论长达 20 年之久，加菲科尔的这篇文章仅仅是拉开了争议的序幕而已。这场争论在 2001 年达到了高潮，诺贝尔奖得主理查德·斯莫利(Richard Smalley)为《科学美国人》(*Scientific American*)杂志撰写了一篇关于德雷克斯勒纳米技术的文章。文章中指出：“自我复制、机械纳米机器人，这在我们的世界中不可能出现。”同年，在美国科学基金会(NSF)发表的一篇论文中，斯莫利又宣称：“出于最根本的原因，我确信这些纳米机器人根本不可能出现，如同痴人说梦……我们不应该被这些令人晕头转向的梦魇吓倒，并远离纳米技术。纳米机器人并不存在。”

两年后，德雷克斯勒在《化学与工程新闻》“针锋相对”专栏举行的与诺贝尔奖得主的交流中，最终回应了斯莫利的反驳。组成该专栏的4个字母，两个属于德雷克斯勒，两个属于斯莫利，为德雷克斯勒纳米技术不存在可能性的原因作了简要的总结。这次交流十分重要，不仅仅因为这是二人间产生的技术分歧，而且其中的人身攻击也让我们看到关于德雷克斯勒纳米技术争论中充满激情的本质。

K. 埃里克·德雷克斯勒(1955—)

那些试图去预知科学进程前景的人，总是会承担巨大的风险，容易被人们当成是愚人或骗子。这样的人有时候却恰巧是正确的，然而在初期，他们总会遭到来自同事和社会的严厉指责。为一个将对人类现代生活产生巨大影响的领域命名，很容易就会听到反对者的声音：“这永远不可能实现。”埃里克·德雷克斯勒(K. Eric Drexler)就是这样一位狂热的梦想家，他的预言很可能会中断科学研究的进程(正如一些反对者所说的那样)，或者从现在开始的一个世纪里，他的幻想将会改变人类社会的本质。今天，没有人能回答那样的问题，但是毫无疑问，德雷克斯勒关于纳米技术发展的理念已经影响了众多的研究人员甚至是外行人。

1955年4月25日，德雷克斯勒出生于加利福尼亚的奥克兰，他先后在印第安纳州的拉斐特、康涅狄格州的纽黑文、俄亥俄州的辛辛那提、科罗拉多州的丹佛和俄勒冈州的蒙莫斯居住过。1973年进入麻省理工学院学习，并于1977年获得了多学科理学学士学位。

刚进入麻省理工学院时，德雷克斯勒的兴趣主要在太空旅行以及在太空中建立人类文明等方面，后来他成为学生和教工非正式团体以及其他各种学术机构的成员。虽然还只是麻省理工学院的一名新生，但德雷克斯勒却在由杰拉德·K. 奥尼尔(Gerard K. O'Neil)博士发起的首届普林斯顿大会上作了发言，而这是国际同类议题中最有权威性的会议之一。

然而，德雷克斯勒不是那种兴趣单一的人，他在思考太空探索的可能性和潜力的时候，已经开始考虑材料的微型品制造在主要材料和结构的发展中发挥作用的途径。不久以后，这条思路使他萌发了一个新的构想——一种存在一定可能性、用于材料生产的全新方法，该方法首先依赖于处于精确位置上的独立原子和分子。

在麻省理工学院的日子里，德雷克斯勒不断地发展着自己关于纳米技术的观点，并与其他同学和老师进行研讨和辩论。但是，他几乎没有关注过该领域之前的一些理念，直到1979年。那一年，他第一次接触到理查德·费曼20年前的那篇题为《底部仍有很大空间》的演讲。在这篇演说中，费曼对很多重要的概念都作了概述，而这些正是德雷克斯勒在过去的6年里一直思考和讨论的问题。他清楚自己应该撰写一篇论文，文章应包括他对一个全新的科技领域——纳米技术的全部观点。

德雷克斯勒的论文《分子工程：分子化操控普通能力发展的新方法》(*An Approach to the Development of General Capabilities for Molecular Manipulation*)，发表在1981年9月的《国家科学研究院学报》(*Proceedings of the National Academy of Science*)上。最初的两年，这篇论文并未引起人们的关注，甚至没有人引用过。但是，它仍然为技术的新方法及有潜力彻底变革地球生命的研究新领域制定了总的原则。

1979年9月，德雷克斯勒获得了麻省理工学院授予的工程学硕士学位，随后，他先后在太空体系实验室和人工智能实验室从事研究工作。1985年5月，他与妻子克里斯蒂安·彼得森(Christian Peterson)前往加利福尼亚。一直与德雷克斯勒共事的团队成员认为，加州是最适合他们进行这种新技术形式研究的地方，到那之后，德雷克斯勒与妻子建立了远景研究所，旨在确保纳米技术的研究能够带来利益。

1985—1991年，德雷克斯勒以访问学者的身份在斯坦福大学计算机科学系工作，其间，他与同事在帕洛阿尔托建立了分子制造研究所(IMM)。1991年以来，德雷克斯勒在研究所内进行了多项关于纳米技术的研究活动，并完成了3部著作，撰写了多篇文章和技术论文。1991年，他被麻省理工学院授予分子化纳米技术博士学位,这在世界其他任何地方都是前所未有的。直到2003年,德雷克斯勒一直担任远景研究所的所长,退休后被聘为纳诺雷克斯公司的首席技术顾问,该公司位于密歇根的布卢姆菲尔德山,其业务是为分子化人机系统的设计和模拟进行软件开发。

纳米技术的风险与利益

德雷克斯勒的观点所遭受的批评中蕴涵着一个潜在的主题,这就是纳米技术潜在的风险。那么,都存在哪些风险呢?如果装配器和复制器确实存在的话,就会给世界带来许多危险,复制器利用诸如氢、氧和碳分子,像搭积木一样进行自我复制;而装配器则利用同样的原料产生新的材料。理想的情况下,复制器和装配器可以按照人们所设计的那样对分子和原子进行操控。

但是假设一个复制器或装配器(再次强调,如果这种装置可以存在)在自然环境中可以随意活动,我们很容易想象它可以找到周围与它相同的物质。例如,它可以很容易找到氢、氧及碳分子(或者它所需的任何物质)来实现其所设计的功能。在理论上,一个"任意行动"的复制器或装配器能够无限地进行自我复制,或者产生无限多的新材料。人们或许会将这一过程与一个细菌被放置在能够连续接近无穷食物供应的情况做比较:它将以指数级永远增长下去。

德雷克斯勒分子纳米技术中最为糟糕的方案预示了一些可任意移动的纳米装置(通常称为纳米机器人),它们可以吞噬难以计数的自然物质,并产生出大量同样的装置。这种假设的物质有时候被称为"灰色黏质"。灰色黏质像雨云一样,由无数独立的微粒组成,这些微粒我们用肉眼无法看到,但是一旦它们聚合在一起,就能够分解光线从而形成肉眼可见的云。一些研究人员已经尝试开发具备灰色黏质的性质,以及对人类和自然环境可能会带来影响的模型。

正如有时候发生的事情那样,对这一问题最感兴趣的仍是那些科幻作家。例如，奈尔·斯蒂芬森(Neil Stephenson)写了一部名为《钻石年代》(*The Diamond Age*)的小说，书中描绘了一个德雷克斯勒纳米装置成为人们日常生活一部分的世界的景象。受到政府利用的一种设备就如同一个隐身的间谍，与人们如影随形，有时甚至能进入到人的身体里，来完成它们的间谍任务。

斯蒂芬森的思想显然十分激进，人们很难想象出分子化纳米技术渗透的未来世界究竟是什么样子。然而到21世纪初期，把这些装置当成有用资源的政治氛围已经形成，恐怖主义者的威胁和攻击暴露出政府易受到伤害的弱点，2001年“9·11”恐怖袭击之后，对政府管制的灰色黏质的渴望，无论其在技术上是否具有可行性，但却得到了广泛的共识。

也许对灰色黏质问题做出虚构解释中最著名的当属迈克尔·克莱顿(Michael Crichton)2002年发表的小说《纳米猎杀》(*Prey*)。故事发生在内华达的沙漠深处，一群纳米机器人从研究设备中逃脱并进入周围的环境，随后，这些机器人开始攻击人类和其他动物，从而提取自我复制所需的原料。克莱顿的小说荣登《纽约时报》(*New York Times*)畅销书榜首达几个月之久，2002年，20世纪福克斯电影公司购买了该著作的电影改编权。

虽然很多科学家仍对德雷克斯勒纳米技术到底在多大程度具有可行性争论不休，但却有更多的人对纳米技术和装置的研究在不断向前推进。过去的20年里，不论装配器和复制器是否真的会出现，但是大量原子和分子规模的机器必将成为现实，这一点毫无疑问。

纳米技术研究工具

一直以来，纳米技术中自下而上的研究活动所面临的最大挑战就是应用何种工具才能操控独立或少量的原子和分子。针对上述问题，人们首先采用的工具就是DNA分子和扫描隧道显微镜(STM)及其各式各样的变体。

对于德雷克斯勒纳米技术的拥护者及该领域其他的研究人员来说，

DNA 一直是争论的焦点。DNA 是一种天然存在的分子，拥有装配器和(或者)复制器的全部性质，具备从环境中选择特定的核苷酸，并将其用于建造机体生存所必需的精确结构(RNA 分子和蛋白质)的能力。此外，DNA 还具备可靠性极高的精确自我复制的能力。因此，德雷克斯勒纳米技术的拥护者指出，DNA 可以作为人造纳米装置，如装配器和复制器生产的模型。但批评家反驳说，DNA 在细胞中的工作极其复杂，而机械装置根本无法实现这样的复制。

无论如何，一些研究人员已经或正在把 DNA 作为纳米级装置合成的一种工具。这一研究领域的带头人之一为美国纽约大学的纳德里安·希曼(Nadrian Seeman)。在早期的著作中，希曼探索了从 DNA 分子链中建造三维物质的可能性。下面的图片向我们展示其中一个这样的装置，这是一个由为该装置特别设计的合成 DNA 分子构成的机器人手臂。

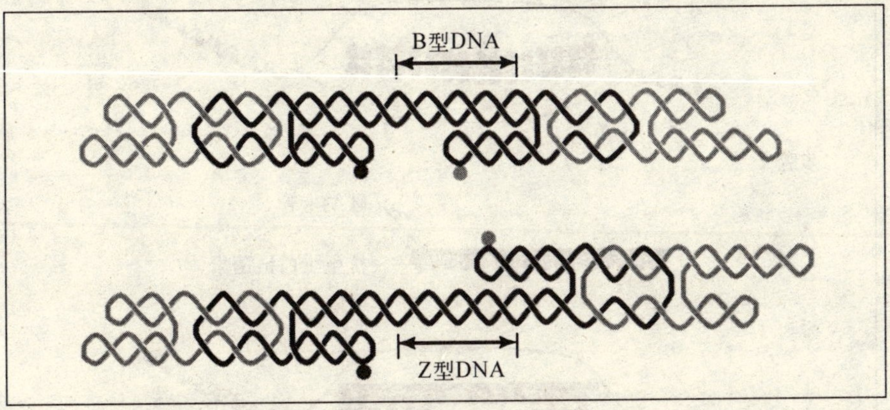

纳德里安·希曼设计的 DNA 机器人手臂

希曼的装置利用了 DNA 分子可以存在于多种几何结构的特性，其中两种分别为"B"和"Z"型结构。B 型 DNA 是由科学家弗朗西斯·克里克(Francis Crick)和詹姆斯·沃森(James Watson)于 1953 年发现的，这种 DNA 的双螺旋结构旋转方向为右旋。与之相反，Z 型 DNA 为左旋结构。

希曼设计的机器人手臂是由两条双交叉的 DNA 分子链构成的，分子链的连接处十分结实。B 型 DNA 的两条分子链由一条很短的天然 DNA 连接在一起。当这条 DNA 由 B 型向 Z 型转变时，分子旋转了 3.5

转,这样就产生了图中所示的变化。为了能够看到这种变化,希曼将两个荧光染料的分子连接到机器人手臂的内端,荧光分子的移动证实了DNA分子结构的变化,因此,也证实了机器人手臂的运动。希曼指出原子和分子,而不是那些荧光染料——例如金属离子或蛋白质,在这些情况下可以被连接在一起,为研究人员提供了一个可以移动微粒的方法。

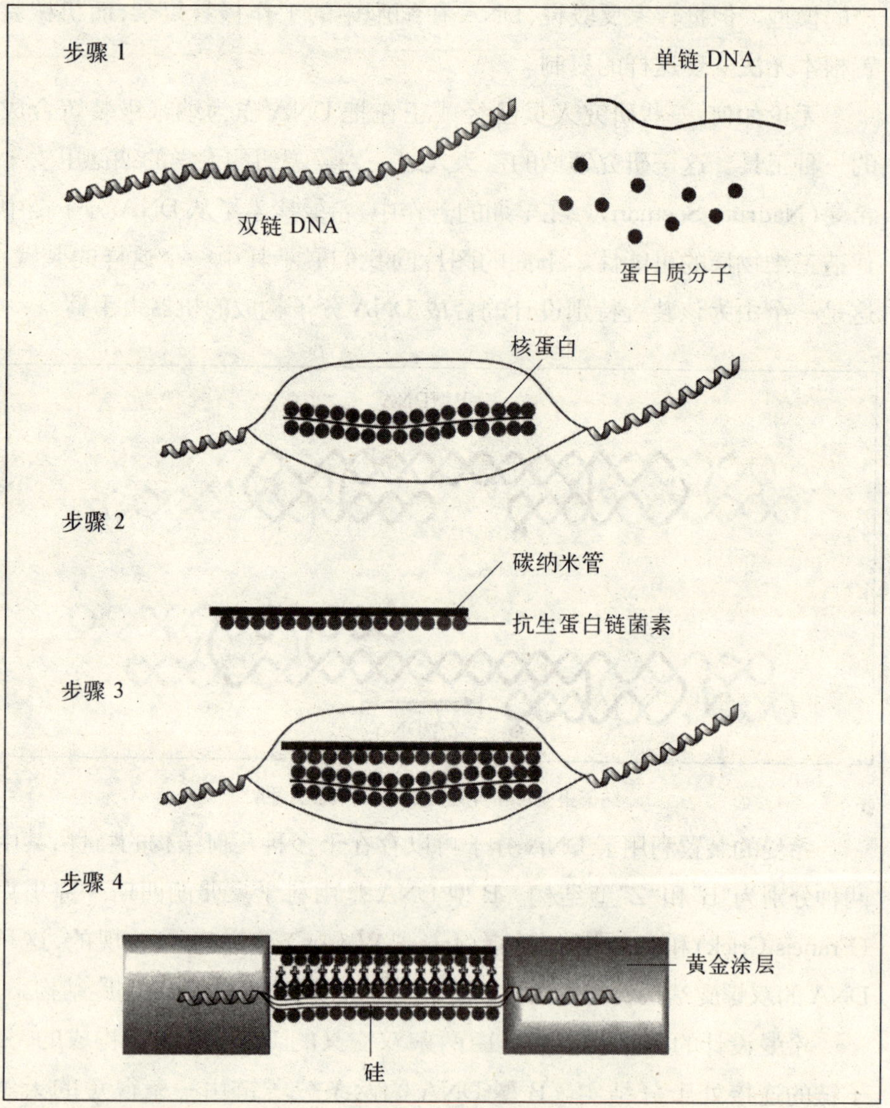

自组纳米晶体管

2003年末,两种利用DNA制造纳米装置的传统方法被报道出来。第一个实验是在以色列理工学院,由物理学教授埃雷兹·布洛恩(Erez Braun)教授主持完成,第二个则由杜克大学的研究人员共同完成。

以色列理工学院进行的实验通过将DNA和蛋白质分子连接在碳纳米管上,制成了一个简单的纳米晶体管(晶体管是一种控制电流的装置)。如图中第一步所示,研究人员首先将单链DNA、双链DNA及RecA蛋白置于水溶液中,这3种分子可以相互补足,使某些碱基对能够相互连接。也就是说,单链DNA通过人工合成能够吸引并与RecA蛋白结合,从而形成一种叫做核蛋白的物质。研究人员还将单链DNA设计成与一部分双链DNA形成互补;3条分子链相互连接,从而形成一个三分子链的单位,其中双链DNA与单链DNA相互连接,而单链DNA又与RecA蛋白相连接。

接下来研究人员人工合成了一个复合分子,该复合分子由附着在抗生蛋白链菌素分子上的一个直径大约1纳米的碳纳米管构成,如图中第二步所示(碳纳米管是一个极小的像稻草一样的装置,将在后面详细介绍)。抗生蛋白链菌素对RecA蛋白有着极强的附着力,其连接也十分稳定。当抗生蛋白链菌素和纳米管的联合体与三链核蛋白混合时,这两种分子能够紧密结合,从而形成一条很长的丝状物质,如图中第三步所示。最后,研究人员将丝状物质置于氧化硅晶片的表面并涂上黄金外层。黄金外层的作用在于使丝状物质上的DNA和蛋白质具备导电的性能。由于丝状物质上的碳纳米管起到了半导体的作用,因此,实验最终的产品就可以作为晶体管了。

在另一个利用DNA为载体进行的纳米装置研究的实验中,杜克大学的一组研究人员准备了大量的DNA单链分子,然后再将其互相连接在一起。这些DNA分子链被设计成具有互补性,因此当它们连接在一起时,很快自我集合成类似瓷砖一样的结构,与后面的纳米瓷砖图中所示有些类似。然后,根据碱基对种类的不同,这些"瓷砖"可以形成很多不同的形状。在一些情况下,它们呈现出饼干烤架的形状,在另外的情况下又呈现长丝带状,如果将这条丝带镀上白银,它就具备了导电的性能。如果在DNA载网中加入生物素分子,那么载网就可以搜寻抗生蛋白链菌素,后者对生物素有着极强的吸引力。研究人员建议为了纳米级设备的生产，他们的 DNA 载网最终会在纳米级装置、传感器，甚至类似装配器的“工厂”中得到广泛的应用。

图中的纳米晶体管由两个微电极组成，这两个微电极由碳纳米管连接，用于控制电流通过系统。（数字仪器 /美国维易科精密仪器有限公司 /图片研究员公司）

尽管以 DNA 分子为载体的纳米技术已经取得了一些成就，但是对于纳米技术的研究人员来说，目前可以利用的最强有力的工具就是扫描隧道显微镜（STM）及其变体。这种仪器是由科学家海因里希·罗勒（Heinrich Rohrer）与葛·宾尼（Gerd Binnig）以及 IBM 苏黎世研发中心

(IBM－ZRL)的科研人员于1981年共同发明的，罗勒和宾尼也凭借此项发明获得了1986年的诺贝尔物理学奖。

扫描隧道显微镜是作为一种观测工具被开发出来的，主要用于材料结构的检测，其放大倍数远远高于光学显微镜。扫描隧道显微镜的发明原理相对简单，其工作部件是一个直径仅有几个原子或分子大小，连接在压电轴上的探针。压电材料的尺寸会随着通过电流的强弱而改变。(更多关于压电材料的内容，请见第五章内容。)

使用扫描隧道显微镜时，操作人员须将探针的针尖与待检材料的表面十分接近，“十分接近”在这里意味着大约1纳米或更小的距离。针尖在正常情况下并不会接触到材料表面，这是因为针尖上带电粒子与材料表面之间存在着很强的力量。

当针尖与材料表面的距离达到最小值时，电子便会从仪器移动到材料表面，反之亦然。根据经典物理学法则，电子流不可能出现，因为两种材料之间存在着类似电荷(电子云中)产生的排斥力。但是，量子机械学的法则的确允许电子“偷偷接近”或“穿透”能垒，这时可以观察到材料表面和针尖之间的电流，扫描隧道显微镜也因此而得名。

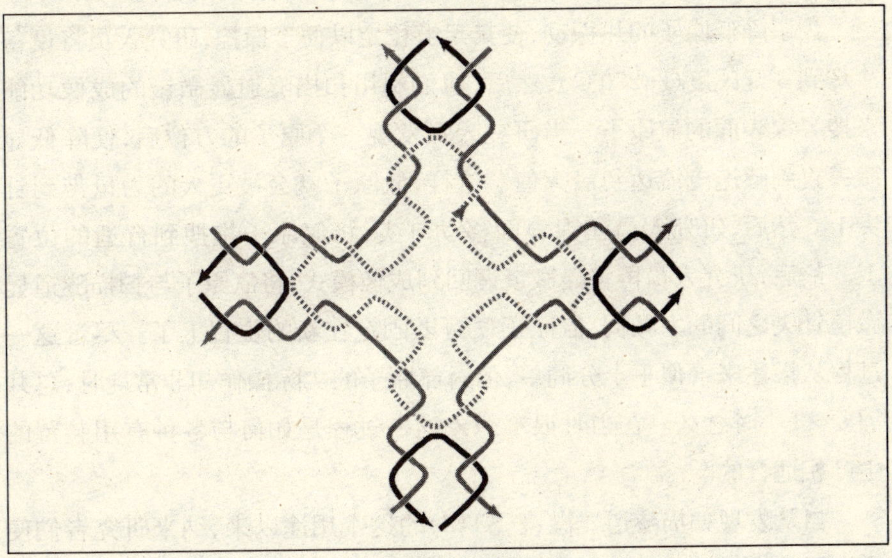

DNA 纳米瓷砖

通过针尖与材料表面之间在某一特定位置形成的电子隧道，显微镜操作人员能够追踪并计算它的变化。操作人员在通过将电压应用于压电轴进行研究的材料表面移动（“扫描”）显微镜，通过追踪方位和该方位通过的电流，扫描隧道显微镜就可将材料表面形貌和表面电子态等有关表面信息记录下来。

1981 年以来，由于最初的扫描隧道显微镜在有些时候并不适用，因此研究人员对其作了很多的修正和改进。例如，IBM 苏黎世研发中心的宾尼和克里斯托弗·格贝尔（Christoph Gerber）以及斯坦福大学的凯文·奎特（Calvin Quate）在 1986 年发明了原子力显微镜（AFM）。原子力显微镜可以应用于有机材料等绝缘体表面，这是扫描隧道显微镜所不能的。今天，原子力显微镜、扫描隧道显微镜及其他一些相关仪器，总称为扫描探针显微镜（SPMs）。

扫描隧道显微镜和原子力显微镜问世后不久，一些研究人员便看到了这些仪器的不同应用。他们意识到扫描探针显微镜可以被应用于主动移动材料表面的原子和分子，而不只是被动地进行观察。该领域最早、同时也是令人印象最为深刻的突破出现在 1989 年，这一年艾格勒和施维泽用 35 个氙原子排列出纳米级的 IBM 标识（见本章前面内容）。

为了降低原子的热振动，使其足够稳定以便于操控，研究人员将设备冷却到 3 开氏度（-270℃），然后，他们利用扫描隧道显微镜的成像功能来搜寻镍表面的氙原子。当研究人员发现一个原子的方位后，便降低显微镜直到隧道电流达到最大值。这样，氙原子就会被更大的力量带到针尖上。然后，研究人员在镍表面移动针尖，将氙原子拖拽到合适的位置上。最后，研究人员再将显微镜调回到成像模式，将氙原子与扫描隧道显微镜针尖之间的力减弱，氙原子便可以固定在新的位置上了。尽管这一过程从描述来看似乎十分简单，但对氙原子的实际操作却非常耗时，总共需要 22 小时之久。在当时很难想象这一过程是如何与各种有用装置的生产相适合的。

自从发现扫描隧道显微镜（STM）的这个用途以来，纳米研究者们便习惯于经常使用这些设备来进行对原子、分子、离子及其他物质的操作。

如今,这种实验常常在几分钟之内即可完成,而不再像过去那样需要几个小时。而且,研究人员好像在不停地发现各种方式把扫描探针显微镜当做“纳米起重机”来用,即拖拽微粒在表面来回穿越,最后再把它们精确地放置在指定的位置。

例如,1999 年康奈尔大学的威尔逊·何(Wilson Ho)及侯君·李教授(Hyojune Lee)发表了一篇论文,文章介绍了用铁原子和一氧化碳分子生成联羰基铁[$Fe(CO)_2$]的方法。他们首次将铁原子和一氧化碳分子放置在真空状态下温度为 13 开氏度(−260℃)的银表面上。然后,用扫描隧道显微镜对其表面进行扫描,并将铁原子和一氧化碳分子定位。当二人发现了一个一氧化碳分子时,便降低扫描隧道显微镜的探针尖,并加大电压。这样,该分子便被吸附到显微镜的针尖上。这时,他们就可以将一氧化碳分子从银表面拿起,并放在铁原子上。然后,两人再降低显微镜探针的电压,这样铁原子和一氧化碳分子之间的吸力足以将二者粘在一起,由此就产生了一个新的分子——羰基铁[Fe(CO)]。在研究的第二阶段,两人在重复这一过程后,又向羰基铁分子中添加第二个一氧化碳分子,便生成了联羰基铁 [$Fe(CO)_2$]。

另一种应用于纳米研究的装置——碳纳米管——与制造纳米物质的珍贵原材料相比,倒不那么像是一种工具。碳纳米管是由日本电子显微镜学家饭岛纯雄(Sumio Iijima,1939—　)于 1991 年发现的。在他的研究中,饭岛使位于两个电弧之间的一个碳样本发生汽化反应,然后用扫描隧道显微镜对生成的煤烟进行分析。他发现这种煤烟中含有大量直径仅有几纳米,但长度达几百或上千纳米的圆柱体。饭岛把这些结构称作碳纳米管。

碳纳米管可以被看作是卷成柱面的石墨烯片层。石墨烯是碳的天然存在形式,含有大量彼此相结合的碳原子薄片。因为所有的碳电子都被应用于构成这些合成物,所以没有碳电子能与邻近的材料相结合。两片石墨烯摞在一起会非常滑,几乎没有摩擦力。(铅笔芯中采用纯石墨就是应用了它的这一特性。当铅笔尖——石墨——滑过页面时,碳很容易被划掉,从而留在纸上。)

石墨烯片层有两个重要的物理特性。首先,在所有材料中,它们的柔韧强度最高。如果碳纳米管能做成一根绳子,那么这将成为最结实的材料,比钢还要强 50—100 倍。其次,石墨烯片层中碳原子的密度比其他任何单成分二维材料的密度都要大。这样,在一般条件下,一根纳米管或纳米绳本质上说都不具有可渗透性。

在自然界中首次发现的类似饭岛制成的那种碳纳米管,为多层纳米管(MWNT)。这种纳米管含有许多同心碳圆柱,即内部彼此重叠。它们的体系较为复杂,因此研究难度较大。碳纳米管研究的重要进展出现在 1933 年,那一年科学家们发现了制造单层纳米管(SWNT)的方法。利用这种单层纳米管,科学家发掘出很多关于电子导电性、柔韧强度、灵活度、坚韧程度,以及碳纳米管的其他物理属性。

现在,科研人员已经进行了很多关于碳纳米管特性和应用的研究。其中一个重要的研究中心是希思·戴克尔(Cees Dekker)位于荷兰代夫特大学的实验室。例如在 1997 年,戴克尔领导的一个研究小组发现弯曲的碳纳米管可以像电线那样发挥作用。然而,其作用与普通电线的作用却截然不同。对于普通型号的电线,每次电压稍微上升都会导致相应的电流升高。也就是说,电压与电流的关系是线性的。而对于纳米管来说,电流随电压呈阶梯式上升,即电压升高可能会也可能不会引起电流的流动。短时间内升高纳米电线的电压不会导致电流升高(逐级式曲线的平坦部分),但电压接下来的再一次升高就会引起电流的急剧增大(逐级式曲线的垂直部分)。

另一家研究碳纳米管的重要机构是美国赖斯大学的纳米尺度科学与技术中心。自 1997 年以来,理查德·斯莫利一直担任该中心的负责人,直到 2005 年去世。他曾因发现新的碳同素异形体而与他人共同荣获 1996 年度的诺贝尔化学奖。这是由 60 个原子组成的类似英式橄榄球形状的微粒,原名为巴克明斯特富勒烯,俗称为巴克球。下图中展示了巴克球的这种结构。

在 1996 年的一个科研项目中,斯莫利和他的同事发现他们可以制作很长的碳纳米管“绳”,该物质由可自我集合成较大组群的单壁碳纳米管

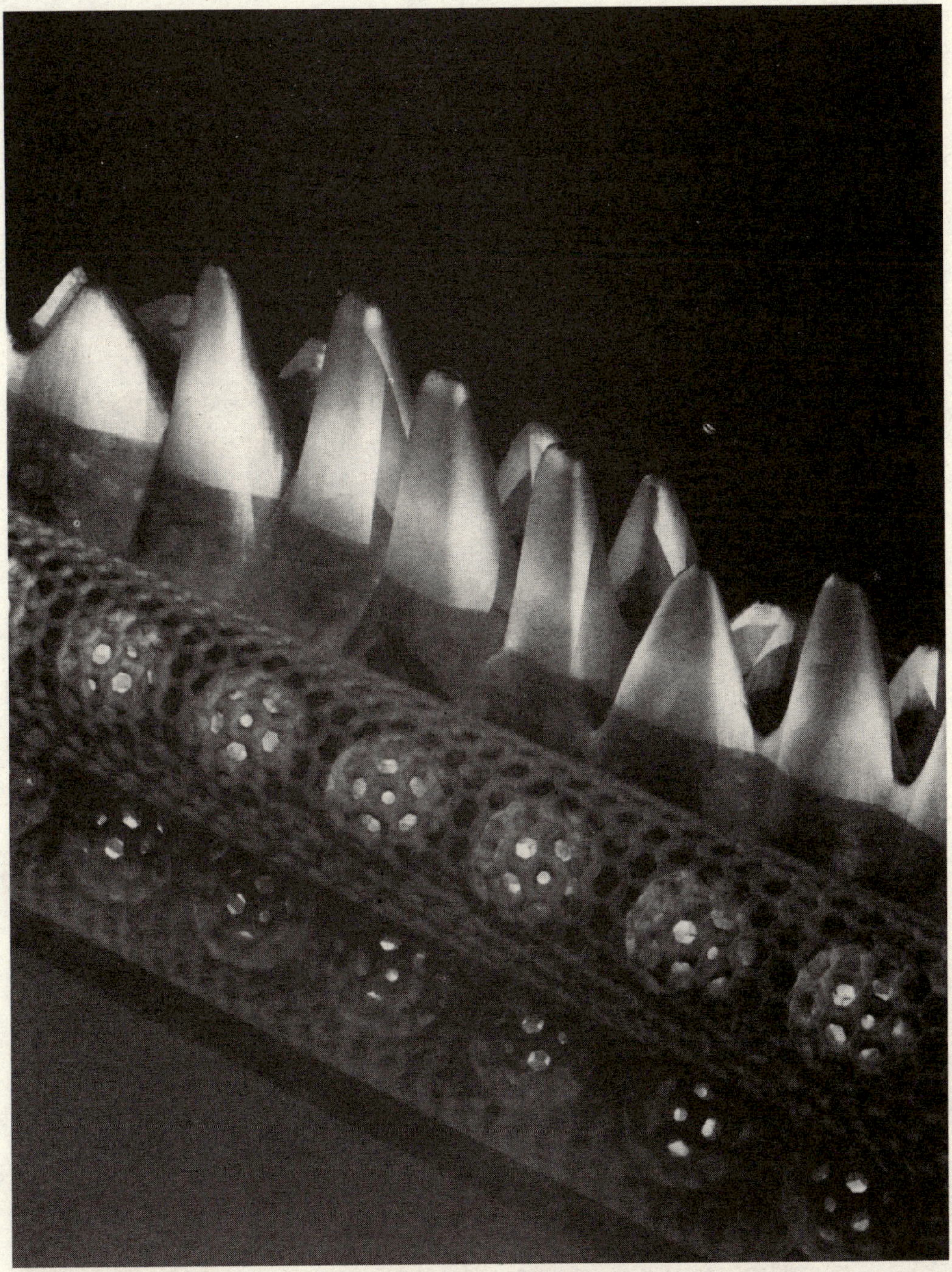

计算机模型显示出的碳纳米管中的一排巴克球。(戴维·卢西[David Luzzi],宾夕法尼亚大学/图片研究员公司)

(SWNTs)构成。这种碳纳米管绳是斯莫利研究小组用激光柱蒸发石墨与镍-钴催化剂混合物时发现的。用显微镜观察这些绳子时，科研人员看到它们是由100—500个、直径在10—20纳米之间的单壁碳纳米管构成的。一位观察者说，有朝一日人们有可能制造出绵延不断的纳米绳，缠到卷轴上用于纳米尺度设备的制造和操作。

现在，很多研究人员都相信碳纳米管可以替代半导体材料，用于构成计算机中电子设备的基础。这方面研究的例子是1999年在艾伦·约翰逊(Alan Johnson)的领导下，宾夕法尼亚的研究人员从事的一项研究。约翰逊的研究小组发现了如何像使用镊子那样用原子力显微镜来操作单壁碳纳米管：将它们在一个表面到处移动、切分开并且相互放置在一起。当两个单壁碳纳米管垂直放置时，他们发现上层的碳纳米管与下层碳纳米管接触部位的导电性发生了改变。也许正是这种重组抑制了电子的流动，把纳米管从导体变成了半导体。

从上述实验结果我们可以看出，也许可以通过排列碳纳米管而使其发挥类似现在芯片的功能。在人们发现这一现象仅仅10年后，碳纳米管已经成为材料科学史上最受人关注的领域，每个月都会有关于其新特性和新用途的报道。

自下而上纳米技术的发展前景一直取决于人们能否将单个原子和分子移动到指定的位置上。目前，解决此类难题的最好方法是利用扫描探针显微镜的家族成员，它们正在许多纳米装置的生产中发挥作用，其中一些我们将在下一章中提及。DNA分子也有可能成为操控原子和分子的有力工具，不过其潜力还有待进一步开发。

纳米尺度的研究成果

虽然纳米尺度研究的发展时间不长，但却已经获得了极具影响力的成果。其研究目标包括从材料科学现存难题的解决(如计算机设备制造)到远期目标的追求(如纳米级机器的设计)。

有证据表明，如今推动纳米尺度研究的最强动力是人们对体积更小、速度更快、功能更强大的计算机的追求。30 多年来，科学家一直在寻找各种各样的方式，以使芯片能够容纳更多的晶体管——计算机的基本单元。20 世纪 70 年代初，最简单的 4004 和 8080 处理器，每张芯片上的晶体管还不足 10 个。而到了 2000 年，这个数字已经增加到奔腾 2 代和 3 代(Pentium Ⅱ 和 Ⅲ)处理器中每张芯片的近 1 万个晶体管，以及奔腾 Ⅲ 赛扬处理器中的 10 万个晶体管。

这种发展趋势与英特尔公司的合伙创始人戈登·摩尔(Gordon Moor，1929—)1965 年预见的模式相一致。摩尔曾预测每张芯片上电路的数量将以每年一倍的速度增长，后来他将这一周期改为 18—24 个月。自此以后，芯片设计的进步随着摩尔定律的提出达到了令人瞩目的精确程度。如果摩尔定律不被推翻的话，人们便可以期待在 2015 年到来之际，每张芯片上有 10 亿个晶体管的处理器即可问世。

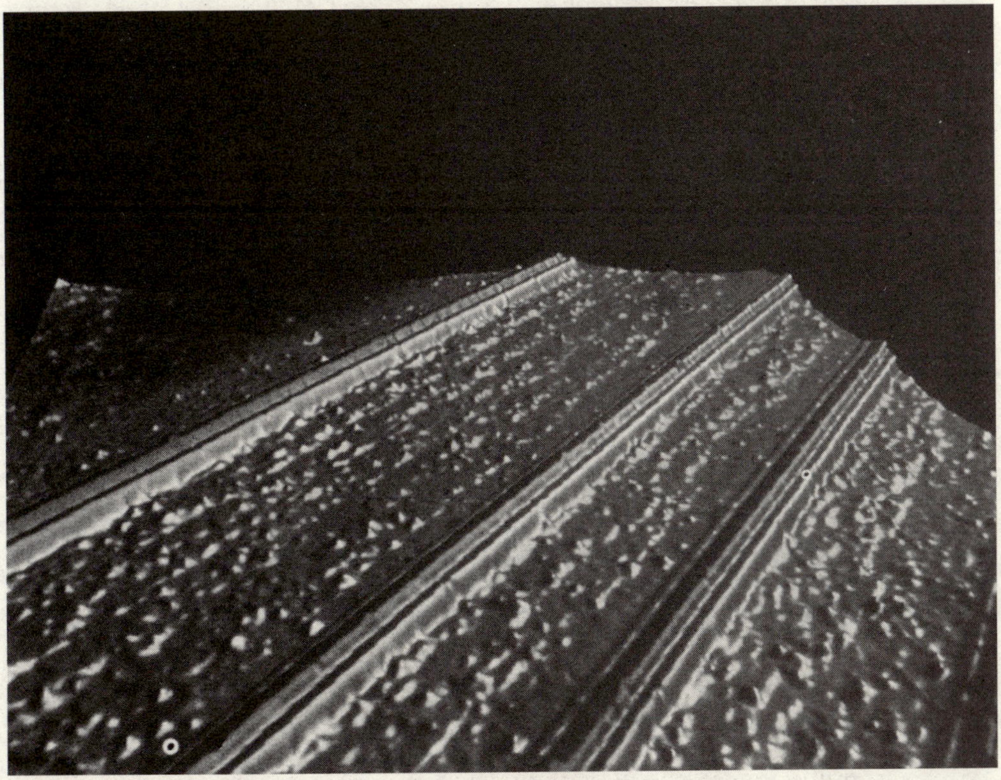

照片中显示的纳米电线仅有 10 个原子的宽度。(惠普实验室/图片研究员公司)

为满足这种需求，工程师必须找到缩小电子部件（如电线和逻辑门）的方法，甚至比现在约100纳米的部件还要小很多。目前的技术是以利用强激光柱在底板刻线，从而形成平板电路为基础的。这种技术有可能帮助人们实现上述目标，但问题在于涉及的潜在花费数额巨大。据估计在2015年，一套用于制造先进处理器的芯片装备就要花费高达2000亿美元以上。计算机工业的领军者们对如此巨额的投资表示质疑，他们已经开始探索取代传统固态电脑的解决之道了。其中最强有力的一门学科就是分子电子学。

分子电子学主要研究由单个或一组分子构成的电子设备的设计和制造。这些设备包括一些我们所熟知的产品，如电线、整流器、开关和存储设备。

分子电线的制造至少已经有两种主要途径：即利用碳纳米管和利用聚亚苯基链。为了制造碳纳米管分子电线，研究人员只需找到一种能够使碳纳米管具备导电性、且达到理想长度的方法。2000年，斯坦福大学的戴宏杰（Hongie Dai）教授与同事们进行了这方面的研究。戴教授领导的研究小组首次利用激光柱在二氧化硅板的表面进行蚀刻，然后让加热的甲烷（CH_4）通过带有金属催化剂（如钴或镍）的材料。这种状态下的甲烷会分解成氢和碳，碳凝结在二氧化硅表面蚀刻线的位置，从而形成了碳纳米电线。接下来，研究小组对这些碳分子纳米电线的导电性进行了测量。

制造分子电线的另一种方法源于亚苯基群，研究人员首先将苯分子中的两个氢原子移走，剩下一个带有两个自由（无束缚）电子的分子，其公式为$^*C_6H_4{}^*$，星号代表自由电子。自由电子允许分子在这两个位置相结合。当两个或更多的亚苯基群互相结合时，就会形成一条由许多亚苯基群构成的长链，名为聚亚苯基，其结构如下：

$$^*C_6H_4—C_6H_4—C_6H_4—C_6H_4\cdots—C_6H_4—C_6H_4—C_6H_4—C_6H_4^*$$

聚亚苯基作为分子电线的价值在于每个苯环中一些电子具有相对灵活性。如果在这条链的一端施加电压，就会引起整条链中电子的紊乱，从而产生电流。首例这样的分子线是在1996年由南卡罗来纳大学的詹姆斯·托尔(James Tour)带领的研究小组,以及宾夕法尼亚州立大学的戴维·阿莱德(David Allard)和保罗·韦斯(Paul Weiss)共同研制成功的。

聚亚苯基电线具有一些潜在的优势。研究人员可以在链条的不同位置插入各种化学基,以增加或降低它的导电性。例如插入富含电子的分子,如乙炔(HC≡CH),会增加链内可用电子的数量,这样就可以提高聚亚苯基线的导电性。相反,若插入饱和碳氢化合物,如甲烷(CH_4),就会减少某区域内的可用电子数量,从而导致该部位绝缘。

电路的第二个基本部分为开关,即一种在“开”时允许电流通过而“关”时阻止电流通过的装置。最简单的开关包含一个分子,它有两个构造,一个允许电子通过(开),另一个阻止电子通过(关)。

第一个单分子开关是在 2001 年由托尔(当时在赖斯大学)和韦斯共同设计制造的。这是一种亚苯基-次乙炔基-低聚体结构,包含间隔的亚苯基(—C_6H_4—)和次乙炔基(—C≡C—)的群组。托尔和韦斯发现,如果围绕单个分子键旋转,该低聚体就会呈现出两种不同的结构。其中一个结构中电流可以通过分子,而另一个结构中则没有电流通过。托尔和韦斯没能立即发现低聚体中导致这些结果的具体变化,这一问题直到 20 世纪初仍未得到彻底解决。

电路的第三个基本部分为整流器,即控制电子流向一个方向的装置。早在 1974 年,两位研究人员 IBM 公司托马斯·J. 沃森研究中心的阿里·埃韦兰姆(Ari Avram)和西北大学的马克·兰特纳(Mark A. Ratner)表示可以通过改造单个分子的方式,使其发挥整流器的作用。大约 23 年后,这一目标由罗伯特·M. 麦茨戈(Robert M. Metzger)率领的研究小组在位于土斯卡鲁沙的阿拉巴马大学实现。

麦茨戈的研究小组合成了一种叫做二氢化钾基三腈奎诺十六烷基喹啉的分子,其化学结构请参看下图。这种分子有 3 个独立部分:电子供应区(D)、电子接收区(A)和桥(σ)。该分子中,是喹啉部分——分子左侧的双环结构——发挥供应区(D)的作用。位于分子右侧的 tricyanoquinodimethanide 部位起到供应电子(A)的作用。连接两部分的双连接(=)发挥桥(σ)的作用,电流可以从此通过。

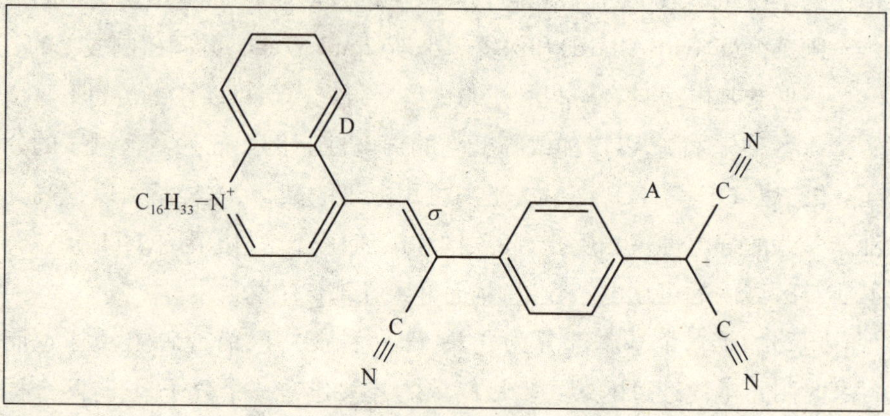

分子整流器

把这种化合物用于整流器的测试分两种不同的组合进行。首先,把仅有一个分子厚的一层放在两个铝电极之间。其次,把多层分子插在电极之间。当在所有这些系统上施加大约 1 伏特的电压时,可以观察到电流的从“左”至“右”,而不是从“右”向“左”运动。从这种观察结果我们有理由确定分子已经发挥了整流器的作用,即控制电流在两个电极之间仅朝着一个方向运动。

不过,纳米技术的研究领域不仅局限于电脑和电路。纳米尺度研究的另一重要领域是宏观尺度设备的微缩物,如钢笔、汽车、天平、镊子甚至还有火车。有时,制造这种设备的唯一目的就是展示能力(“我们做这件事是因为我们有能力做”)。还有时,制造这种设备是基于有朝一日可以将其应用于制造大型的纳米尺度设备中(如装配器和复制器)。

第一个纳米尺度的“玩具”是由 IBM 苏黎世研发中心的研究人员于 1996 年制作的算盘。算盘是一种古老的计算工具,由可以在固定杆上上下滑动的可移动部分(如木环)构成。据估计,最早的算盘要追溯到公元前 3000 年。

为了制造他们的纳米算盘,IBM 苏黎世研发中心的研究人员首先用激光柱在一张铜片上刻了几道浅槽。然后,用扫描隧道显微镜把 100 个巴克球放在这些浅槽中。最后,他们用显微镜使巴克球在浅槽中上下滑动,一次一个。

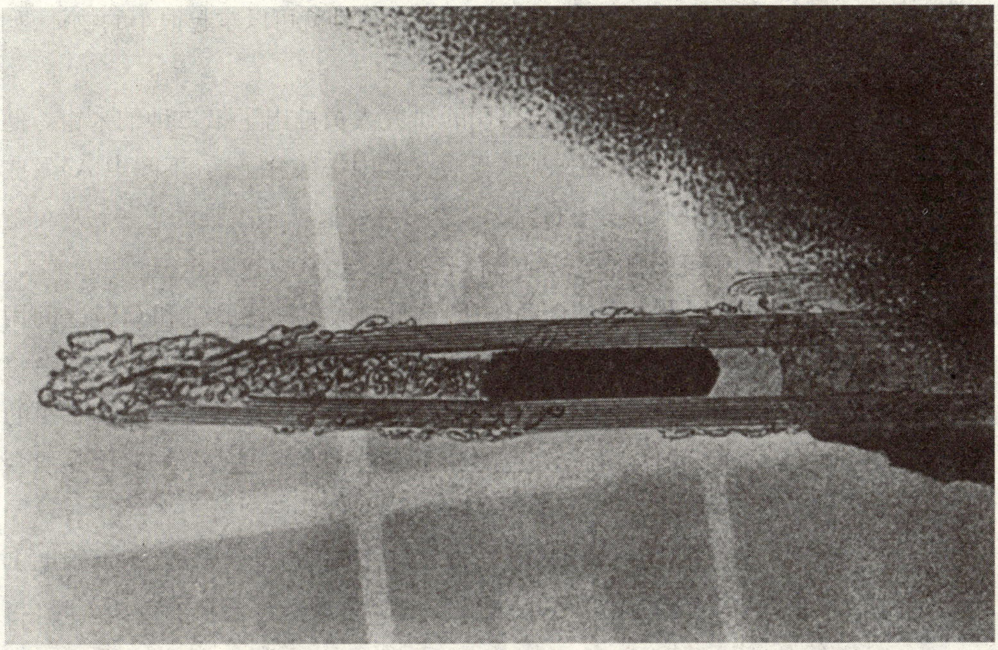

图中是世界上最小的磁铁，由碳纳米管中镍金属单晶体构成。(皮特·哈里斯博士[Dr. Peter Harris]/图片研究员公司)

制作尺寸达到分子量级的产品所需要的基本设备之一是可以允许操作者拿起并移动试验物体，将其放在预先指定位置的装置，就像建筑工程中使用的起重机。现在，研究人员至少已经研制出两种能进行分子级操作的装置，第一种是由哈佛大学的飞利浦·金(Philip Kim)和查尔斯·M. 列勃(Charles M. Lieber)于1999年制成的。为了完成这种他们称之为“纳米管纳米钳”的制作，金和列勃首次尝试在玻璃微管的两头连接金电极。然后他们将一组多壁碳纳米管(MWNTs)连接到每一个电极上。多壁碳纳米管与单壁碳纳米管相似，只是前者包含许多内部相互嵌套的纳米管。

为了应用他们的纳米管纳米钳，金和列勃将两个金电极通上正负相反的电荷(这样电荷也就通到了两个多壁纳米管上)。由于两个多壁纳米管带的是相反的电荷，他们就会因电极上电压的力量而互相吸引。这种吸引力导致两个多壁纳米管的两端相互靠近。施加的电位越强，纳米钳的两端就会越靠近。利用这种设备,金和列勃就可以拿起很小的物体,如直径约 500 纳米的聚苯乙烯球。

不到一年以后,朗讯科技公司的研究人员推出了第二种纳米钳。他们用 3 条 DNA 分子链制作抓取工具。其中一条分子链(下图中 A)做成 V 型,与另两条 DNA 分子(B 和 C)连接在一起。该工具的总长(从 A 链的一端到 B、C 链的各自一端)约有 7 纳米。

为了完成纳米钳的关合动作,朗讯科技人员又在 B 链和 C 链之间用了第四条 DNA 链分子(图中的 D)。加入 D 链是为了辅助 B、C,它会将这些 DNA 分子链相互连接,以便于操作者能够凭视觉观察到纳米钳的移动。在工作状态下,那些染色的分子会被相互接近的分子取代并混合在一起。

最后,为了打开纳米钳,还要加入第五条 DNA 分子链,用于辅助 D 链,而且它与 D 链的连接比 B 链和 C 链都更紧密。该分子链加入时,与 D 链结合,使 D 链离开纳米钳的 B、C 两臂,从而将纳米钳恢复到原始状态。

也许,有重要实际作用的纳米设备是分子发动机。这是一种可以将电能、太阳能、化学能或一些其他能源转换成机械能量的设备。生物体中有很多种纳米发动机,但到目前为止,其人工合成品的开发几乎没有取得过一点进步。

1998 年,IBM 苏黎世研发中心的研究人员偶然发现的机能纳米发动机是一个特例。当时,他们正在研究放置于原子级清洁的铜表面的复合六-叔丁基-十环烯分子(HB－DC)的单层(一个分子厚的一层)特性。HB－DC 分子含有一个由 7 个六节环和 3 个五节环构成的中心核,该核与由叔丁基 [$—C(CH_3)_3$]组构成的 6 个分支相连。这些分支围绕中心核向外突出,使该分子具有类似螺旋桨的结构。

研究人员用扫描隧道显微镜获得了复合六-叔丁基-十环烯分子的单层影像。该影像与他们之前的预想基本相符:其分子群呈晶体状排列,每个分子周围都围绕着使其固定的其他分子。这些分子的形状看起来像一组六边形瓦片,整齐地铺开在铜的表面。

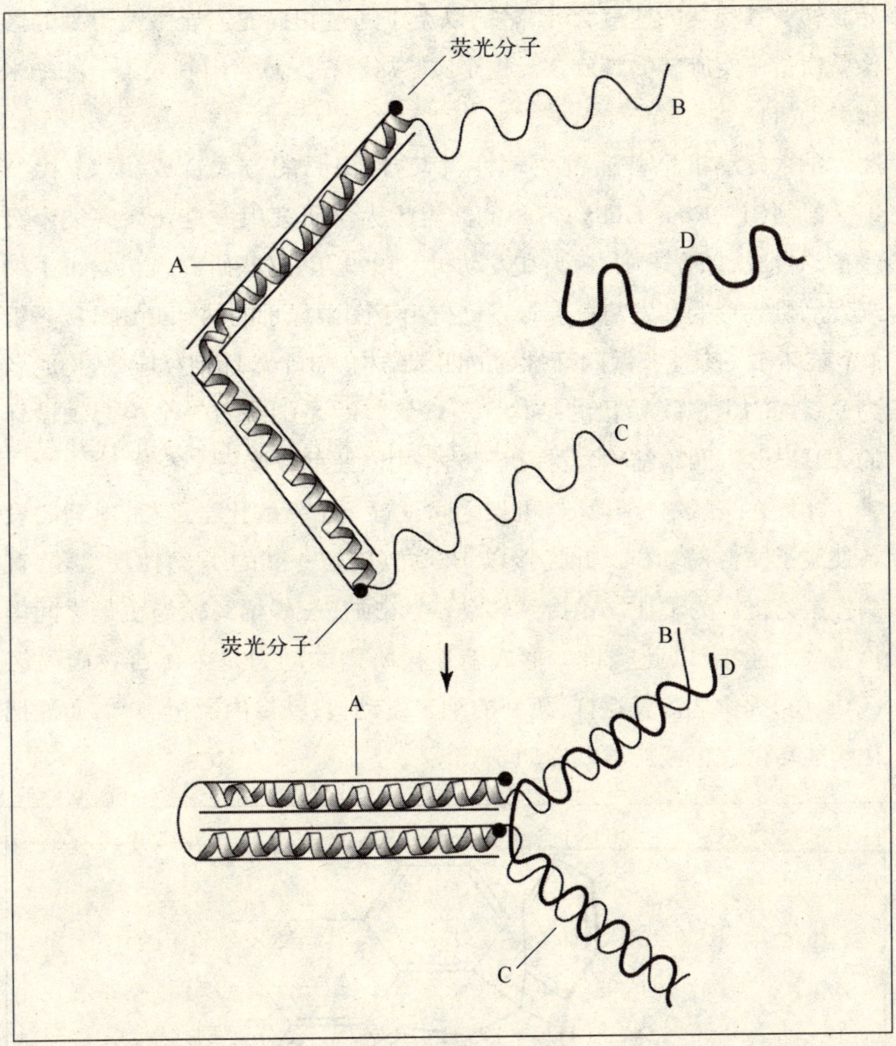

DNA 分子制成的纳米钳

不过，扫描隧道显微镜图像与预想的并未完全符合。在几个位置中，瓦片图案被一种带有烟环状斑点的模糊影像打断了。研究人员对这种现象进行了如下假设说明：在某些情况下，单个复合六-叔丁基-十环烯分子出现了距离“完美”瓦片形状位置 1 纳米的轻微错位。这种错位出现时，分子就不再受到周围其他复合六-叔丁基-十环烯分子的限制。这种情况下，单层中的热能就足以引起错误的复合六-叔丁基-十环烯分子开始旋转。其旋转的速度会非常快，以至于通过扫描隧道显微镜得到的影像就像是一支旋转的螺旋桨。这个实验居然在无意当中制成了一部纳米级发动机！

纳米发动机也曾通过更理性、目的性更强的方式合成出来：由罗斯·凯利(T. Ross Kelly)带领的波士顿大学研究组一直在研究纳米级设备的合成，如分子闸、棘齿和发动机。1999 年，这些研究人员发布了纳米发动机雏形的开发情况。该发动机由下图中显示的两部分组成：一组 3 个苯环和一个被叫做四环螺烯的四苯结构。3 个苯环相互连接，构成名为三蝶烯的类似蹼轮状的结构。三蝶烯“轮”是围绕着一个中心轴设计的，四环螺烯(四苯结构)发挥机架的作用以便承载该三蝶烯轮。

如果在三蝶烯“蹼轮”与机架之间设置一个新的化学连接，凯利的设备便成了一台发动机。此连接以 120°角(旋转一圈的 1/3)拉动蹼轮，直到停下为止。为了让蹼轮持续转动，就必须在三蝶烯蹼轮与机架之间再设立一个连接，以此类推。形成新连接所需的动力是由化合物碳酰氯($COCL_2$)提供的。就这样，凯利的纳米发动机，就像内燃机一样，通过把化学能转化成机械能得以启动。

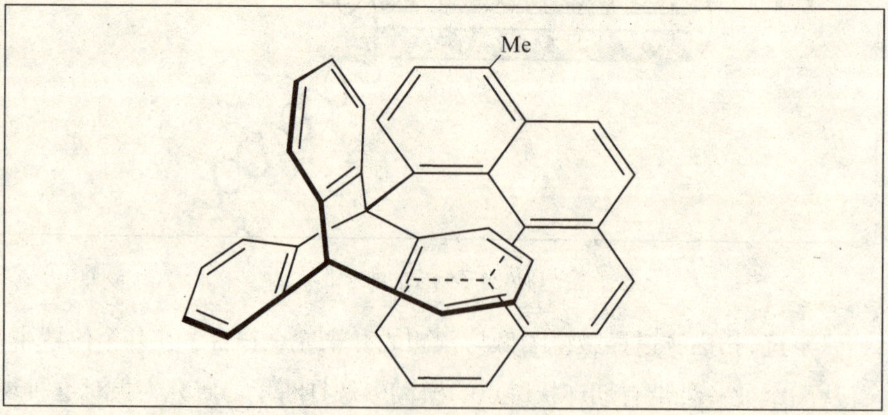

分子轮

凯利研究成果最大的两个特点是：第一，纳米发动机的型号小(78 纳米)；第二，这种设备运行机制的发现。该研究的最大局限是纳米发动机得以运转的有限范围：只有 1/3 圈。

正如本章所介绍的大部分研究那样，我们可以选择两个角度中的一个(或者也许从两个角度)来看待凯利的纳米发动机。一方面，对于有朝一日可能改变整个材料科学的纳米级设备的发展来说，它向前迈出了最小的一步；另一方面，这是在该领域中取得更大与更有意义的发现、发明之前必须要迈出的一步。

许多科学家预测，纳米技术会在接下来的几十年中为材料研究的本质带来革命性的变化。他们相信利用材料的新方式——自下而上，而不是自上而下——将会促进大量新材料的发展，其中包括从随温度作用而变色的涂料到为家庭提供自动冷热的装置；带有自动检测和修正漏洞的传感器和修复设备的汽车、飞机和太空船材料；在肿瘤刚开始影响几个细胞之前就能将其发现的生物纳米设备；能探测到决定一个人对某种疾病、传染或毒素易感程度的 DNA 结构的生物纳米设备等等。美国国家纳米科技启动计划(NNI)发布的 2000 年报告中列出了许多像这样在纳米科技研究中有可能实现的近期突破。

美国联邦政府已经表示为该领域的研究工作提供一定数目的资金投入。国家纳米科技启动计划在其运行的第一年，即 2001 年，共获得了 4.64亿美元的拨款，这一数额到 2006 财政年度(FY)逐渐上升到了 13.03 亿美元。之后，总统乔治·W. 布什(George W. Bush)在 2007 财政年度预算中又将这一数字缩减到 12.78 亿美元。当然，也有很多研究是由个人资助的，但总的来说，一些研究人员对纳米技术发展前景的满腔热情还没有赢得取得结果所必需的足够资助。

因此，纳米技术的研究还没有取得改变整个材料科学的显著突破。到目前为止，研究最多、发展最突出的是纳米技术在计算机中的应用，因为这一领域迫切需要更小、更有效的复合材料，而对人们日常生活影响广泛的纳米设备的开发却仍然长路漫漫。

5
智能材料

我们可以这样说，你房间里所用的建筑材料并不是智能化的，因为房屋的结构仅能承担部分有限的功能。例如，屋顶的功能是防止雨雪落在我们头上，而墙是用来支撑屋顶、遮风挡雨的，窗户则是用来通风采光的。虽然这些结构能够履行它们各自应有的职能，但它们并不具备“想象力”，它们不知道如何针对外界条件的变化来及时地自动调整自身的结构和功能。

假设某天下了一场罕见的大雪，厚重的雪团积压在并不坚固的屋顶上，使屋顶几近坍塌。或者再假设一种情况，建有房屋的大地上突然发生了地震并继而开始左右摇晃，墙壁因无法承受这种震颤而纷纷倒塌。再看看我们的窗户是否能够根据户外灿烂的阳光或是阴霾的天气来调整自身的光线传递功能呢，答案是否定的，因为它们只能将现有的光亮传递到屋内，所以上述谈到的这些窗户并不具备这些智能化的特征。

几千年来，人类已经熟练掌握了那些非智能化材料的使用方法。住在由这些材料建成的房屋里可以使人们免受大自然的侵袭，让人们过着舒适的生活。而他们的工作地点——大型工厂或办公楼似乎也使用了现代最先进的建筑工艺。但我们不得不承认，所有这些建筑材料迄今为止仍是非智能化的。因为它们只能屹立在地面上却不能感知、理解或感应外部环境的重要变化。

正如那些非智能化的汽车、飞机、武器和卫星及任何一个你能想到的非智能化结构终将被淘汰一样，如今这些非智能化的建筑也即将宣告完成其使命。在发达国家,使用智能化材料进行智能化结构设计的做法才刚刚起步。智能材料(smart material)指的是能够感知环境变化并实时改变自身特征如尺寸、形状、电导率、磁导率或光学性能等的材料。由于它们能够感知周围环境的变化,所以智能材料又称为敏感材料(responsive material)。

什么是智能材料?

广义上来说,所有的材料都可以称为智能材料。因为当环境改变时,它们至少都会在某种程度上发生变化。例如,当周围温度变化时所有材料的体积都会改变。这是因为在大多数情况下,物质的体积会随周围温度的增加而增大。我们家中经常使用的温控器就是应用了热胀冷缩这个原理。温控器是由两片膨胀系数不同的金属片压合在一起制成的。在温度升高的情况下,由于胀缩程度不同而使双金属片产生弯曲,进而使导电的触点离开而断电,而当温度下降时,双金属片就会恢复原来的形状与电触点接触,于是温控器开始加热。

既然所有的材料都能根据环境的变化而改变自身的特征,那么智能材料的独特之处又体现在哪些方面呢?这其中的一个重要区别在于材料改变自身特征的速度。例如房间里的温控器至少需要几分钟的时间才能感知到屋内的温度变化。要等到屋内变暖,温控器温度上升直至最后关掉还需要至少半个小时。相反,智能材料可以极其迅速地感应周围环境的变化,通常只需1秒的几千分之一或者几百万分之一的时间。在本章的后续部分我们还会了解到这些智能材料对环境的变化所作出的改变与我们所熟知的那些变化(如温控器的热胀冷缩)是完全不同的。

但是智能材料本身的应用范围仍然十分有限。其中我们最熟悉的当属眼镜行业和玻璃制造业中生产出来的变色(photochromic)玻璃了。变色一词是指当光线强度发生改变时材料的物理特征也会发生相应变化的这种现象。当室内光线暗淡时,镜片呈透明状态;而当户外光线明亮时,镜片则呈深色状态(如深色的太阳镜)。我们称这些能够根据外部环境变

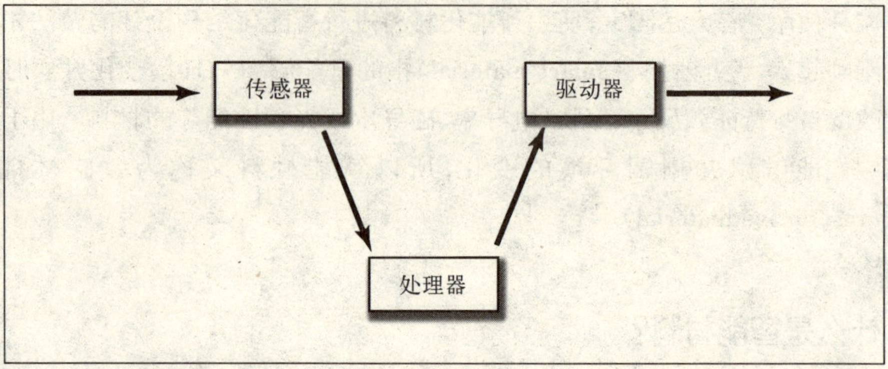

智能结构

化作出反应的材料为被动智能材料(passive smart materials)。这种材料具有很大的应用潜能,将它们用做传感器可以感知外界的环境变化,并根据这种变化作出相应的反应(如改变颜色)。

举例来说,美国纽约州立大学布法罗分校的钟·黛博拉·D. L. 博士(Deborah D. L. Chung)发明了具有传感功能的智能混凝土,这种材料是通过将混凝土用不到成品体积0.5%倍的碳纤维固化而成的。普通混凝土并不具备导电性,但加入碳纤维可以大大提高其导电效果。如果混凝土内部出现细小的损伤开裂现象,混凝土的导电性就会发生改变,工程人员可以应用这一现象事先对其潜在的问题进行监测。同时对混凝土施以越来越重的外在压力会增加其导电性。美国很多州所实行的“汽车动态称重”系统就是利用了智能混凝土的这种功能。使用这种系统后汽车可以在行驶过程中就接受车重的检查而无需停车后在站内接受检查。

智能材料最伟大的一个应用就是智能结构(smart structure)或者说智能系统(smart system)的出现。在上图中我们看到,智能结构至少由两部分构成:当智能材料(如传感器[sensor])感知到周围环境的变化时会将信号传递给处理器,处理器分析来自传感器的信号并识别外部的变化信息,然后针对变化的外部环境作出必要的反应,决定采取什么样的行动,随后处理器再将这些信号传给传感器或是另外一个智能材料(如驱动器[actuator]),最终引发了材料在大小、形状或是物理表征方面的改变。

这个系统中的智能材料通常会以金属条、金属盘或金属板的形式存在，或与传统的结构材料结合或镶嵌在一起。具体的设计方案主要取决于智能材料是以何种方式发挥某种功能。如果它仅仅作为结构材料的一部分，只需将它附着在其上就可以。如果要它对整个材料都施以效用则需要将其镶嵌其中。一个智能材料其实就是一种反馈系统，即智能材料感知到外界的变化后以某种形式对其作出反应从而改变自己的行为。

结构材料和结构系统的发展表明材料科学的发展理念产生了重大的变化。在智能材料出现以前，大多数的结构是用来最大限度地发挥某些物理属性。材料发生改变则说明某个环节出现了问题。如果桥、飞机、摩天大楼或是核反应堆之材质出现了某种形式的坍垮、损裂等改变，那么其整体结构就会面临毁坏的危险。针对这些毁坏的情况专家们还要对它们进行监控以确定毁坏出现的时间地点，权威人员据此决定如何修复或是否因修复昂贵而放弃修复等。

但是智能材料所发生的改变要令人欣慰得多。它们像一个内在的监控系统，能在某一个结构出现问题之前就感知到周围环境发生改变所存在的潜在危险。通常这些材料本身会随着外界条件的变化而作出相应的改变，以抵消外界变化所带来的不良后果，从而延长结构和材料的使用寿命。

智能材料的种类

智能材料一词可以泛指很多种材料，其中有的材料我们已经使用多年，有的仅在近年才开发出来。例如磷光材料和荧光材料就是两种用途十分广泛的智能材料，它们能够吸收短波（如 X 射线或紫外线辐射）的电磁辐射，再将这种辐射以可见光的形式反射回去。这两种相似材料的区别在于磷光材料在外在光线消失后仍能继续发光，而荧光材料则在外在光线消失后停止发光。

除此之外人们还研制了很多智能材料，最常见的有压电和电致伸缩材料、磁致伸缩材料、形记忆合金、电流和磁流变体材料、光致变色或热致变色材料及人造橡胶。

压电和电致伸缩材料

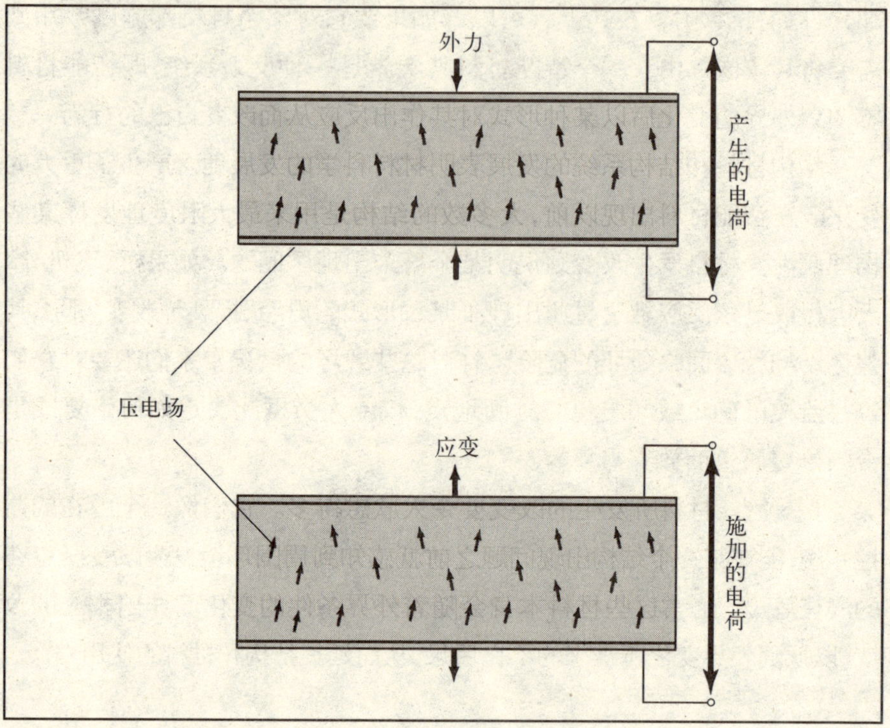

压电效应

压电效应是 1880 年由杰克斯 · 居里(Jacques Curie)(1856—1941)和皮埃尔 · 居里(Pierre Curie,1859—1906)两兄弟首先发现的。他们认为,材料在电场作用下会变形;反之,材料变形又会产生电场。虽然当时他们只有 20 多岁,但这项重要的发明使他们成为了科学界的名人。后来皮埃尔因与妻子玛丽 · 居里(Marie Curie)共同研究放射性材料而受到世人更大的关注。

居里兄弟之所以对压电效应产生兴趣是因为他们一直在从事热电性(pyroelectricity)的研究。热电性是指物体加热时产生电流的现象,它是由希腊哲学家西奥佛雷特斯(theophrastus)(公元前 370 年—公元前 285 年)于公元前 314 年在矿物电气石中首先发现的。此后直到 19 世纪早期有关热电性的研究都微乎其微，后来苏格兰物理学家大卫·布鲁斯特(Sir David Brewster, 1824—1907)重新发现了热电效应并进行了细致的研究。1878年，威廉姆斯·汤姆森(William Thomson)和罗德·凯文(Lord Kelvin, 1824—1907)对热电效应产生中原子的变化做了阐释。居里兄弟正是基于对热电的这些理解才使他们懂得从其他物理角度也可能使晶体产生电场，而不仅仅从热学的角度去加以考察。

1880年，居里兄弟发现当晶体受到某个固定方向的压力作用时，垂直于压力端的一侧就会产生电势(或电压)(上图)。他们首先在石英晶体里发现了这个规律，但后来发现其他材料如黄晶、电气石和罗谢尔盐(钠钾酒石酸盐四水合物)在受到外力作用时，内部也会产生电极化现象。现如今已经发现20多种晶体和大量天然物质如骨头、生物组织和胶原质都具有压电效应。在压电效应基础上，居里兄弟又尝试探索了晶体在电场下是否会变形的研究。1881年实验获得成功，他们将这种现象命名为“逆压电效应”(converse piezoelectricity)。逆压电效应指的是晶体在外场作用下成比例地发生大小和形状上的改变。

逆压电效应属于一种典型的电致伸缩效应(electrostriction)，电致伸缩效应指在给材料施加电场时，材料发生某种机械形变的现象。几乎所有的电介质(绝缘体)都具有电致伸缩性。也就是说，当对电介质施加电场时，这些电介质都会产生大小和形状的改变，只是这些变化通常很微弱，并不具有实用价值。但某些电介质除外，它们的逆压电效应十分明显，能被广泛应用到各个领域。此外还有一些聚合体，它们在电场下会产生比无机压电材料更明显的逆压电效应。逆压电效应与电致伸缩效应的主要区别在于逆压电效应在电场作用下产生的电介质晶体形变与电场方向的反转有关，而电致伸缩效应中形变与电场方向的反转无关。

如今人们已经掌握了形成压电效应的原子组合机制。如下图所示，石英晶体是由一连串的螺旋状硅酸盐长链构成，其中每个硅酸盐结构都是硅氧四面体，在这个四面体内，硅原子位于中央，而氧原子则占据四角。虽然每一对硅氧原子都构成了极性共价键，但四面体总的来说却是非极性的，外部负电荷多于内部。

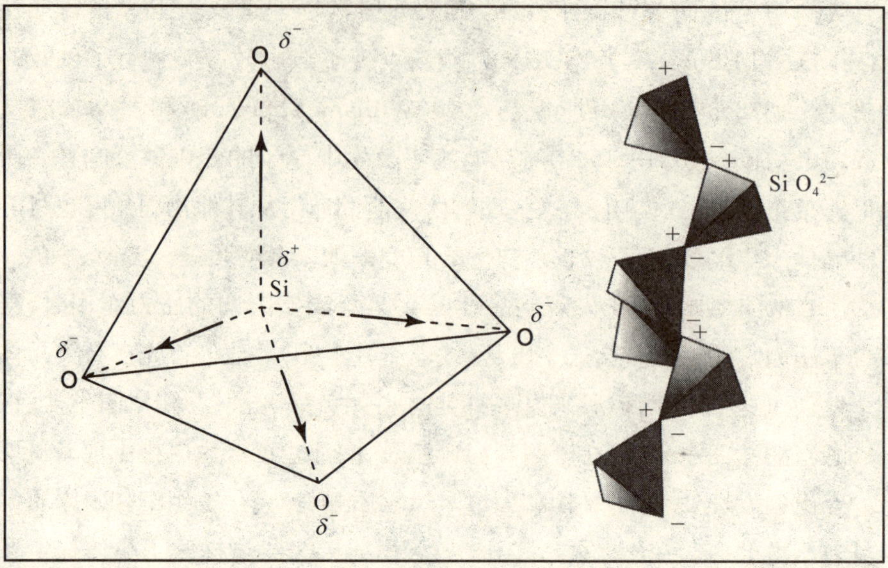

压电效应的原子机制

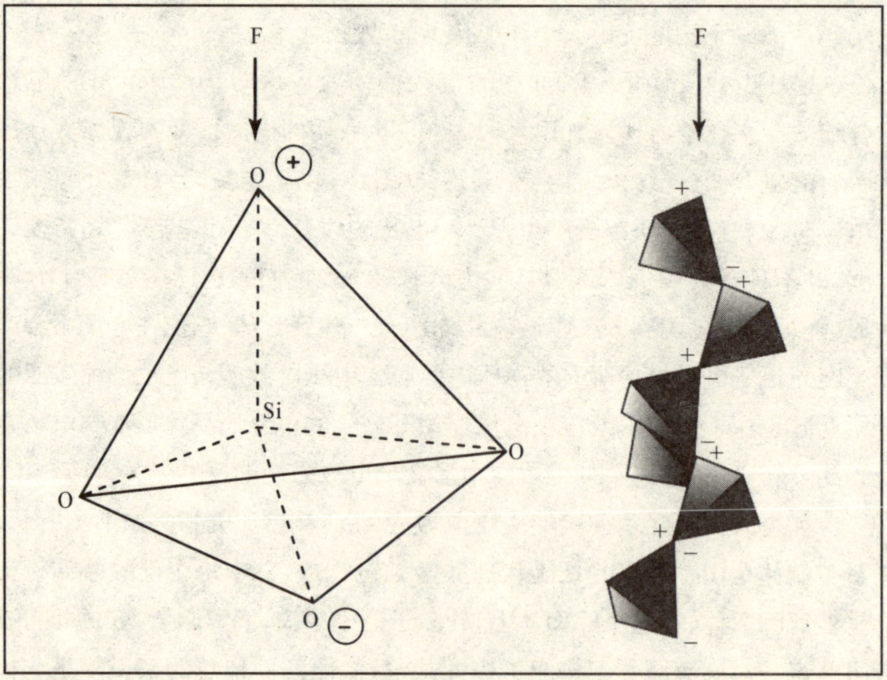

受到外力时石英晶体表面的电荷分布

如上图所示,向一个方向施加压力,四面体内部会产生电荷分离,这种分离使四面体的一面正电荷增多,而另一面负电荷增多。如果四面体独立存在(很多硅酸盐就是这样),那么这个四面体的两个相对表面就会产生符号相反的电荷,或称之为电极化现象。如果将四面体连成长链结构,相邻的单元就会互补排列。这是因为它们因受到相同电极化的影响,使得在两个相对表面上产生正负电荷的四面体按相同方向排列,因此它们可以固定在螺旋结构上。硅酸盐的例子说明如果不发生正负电荷分离就不会产生电场。

在科学家已经掌握的 32 种晶类中,有 20 种具有压电效应。这 20 种晶类的一个共同特点就是它们都具有非对称结构,可以在受力情况下发生电荷转移,转移程度依晶体的种类不同而表现出很大差异,这种压电效应以其重大的实用价值被广泛应用到众多领域。

20 世纪中期,研究人员着手找到了大量具有压电属性的合成材料。在 1942—1944 年期间,美国、日本和苏联的化学家们都发现了陶瓷材料钛酸钡($BaTiO_3$)具有压电特性。但当时由于处在第二次世界大战期间,学术领域缺乏必要的交流,所以学者们之间都不知道彼此从事的研究。其实,压电陶瓷传感器的压电常数(用来衡量压电效应强度)高达石英晶体的 100 倍,这种传感器于 1947 年首次应用于留声机拾音器上,人们后来又发现可以将它用于其他多种仪器上,如振动探测仪、声波定位系统、点火系统、水中听音器、小巧敏感的麦克风和继电器。下图表格列出了一些常用材料的压电系数。

1954 年,美国化学家伯纳德・捷夫(Bernard Jaffe,1916—1986)发现了陶瓷材料锆钛酸铅($PbTiZrO_3$),就是人们通常说的锆钛酸铅(PZT)。如今锆钛酸铅已取代了钛酸钡,成为现今最常用的压电材料。而钛酸钡则主要用于电容器的制造方面。目前发现的能够产生明显压电效应的商用陶瓷材料有偏铌酸铅(PN; $PbNb_2O_6$)、钛酸铋[BT; $Bi_4(TiO_4)_3$]、铌酸钾钠(NKN; $Na_{1-x}K_xNbO_3$, $x>1$)、钛酸铅(LT, $PbTiO_3$)和铌镁酸铅[PMN; $Pb(Mg, Nb)O_3$]。

部分材料的压电常数

材　料	压电常数$(D_{33})_P$C/N*	材　料	压电常数$(D_{33})_P$C/N*
石英	2.3	PST 5H	593
钛酸钡	57.8	钛酸(铬、钐)	65
PZT4	289	PVDF - TrFE	33

* 单位为每牛顿皮库仑，每牛顿力产生 10^{-12}库仑电荷。
缩写字母为：
PZT4：4 种钛酸钡之一种。
PST 5H：钽氧化钪铅(lead scandium tanatalum oxide)。
PVDF - TrFE：聚偏二氟乙烯及其共聚物(copolymer of vinylidence fluoride and trifluoroethylene)。

如今压电材料具有广泛的实际用途，如高压发生器、超声换能器和声纳换能器、报警系统、远程控制系统、电唱机、反形反射镜、超声电机、智能滑雪板、废气发生器和水下检测器。压电材料常见的用途是生产汽车安全气囊的传感器。当汽车与另一物体发生正面碰撞时，就会打开仪表盘处的气囊。气囊的主要成分是叠氮化钠(NaN_3)，能在发生碰撞时分解产生金属钠和氮气，从而使气囊鼓起：

$$2\,NaN_3(s) \longrightarrow 2Na(s) + 3N_2(g)$$

气囊鼓起的过程相当复杂。首先位于车身前部的一套传感器感受汽车碰撞的强度，再将感受到的信号传给处理器，处理器接受信号并进行处理，然后指示气囊鼓起。整个过程只需不到 50 毫秒的时间。

气囊传感器中最常见的结构是由压电材料制成的加速计。简单的加速计是将一块重物挂在一个固定板前，当对重物施加外力时，重物就会压迫固定板从而改变板的电性产生电场。汽车的加速计通常有以下两种，如下图所示，第一种加速计是由一个薄圆盘制成，其外部使用了一层压电材料，当外力作用于圆盘上时(如撞上物体突然停车)，压电材料就会发生形变，产生可测量的电流。第二种是在一个固定平台上向外水平延伸一根细杆，细杆外部包有一层压电材料。汽车碰撞物体带来的外力会迫使细杆弯曲，从而使平台表面产生电流。这两种仪器将产生的电流传送到处理器上,处理器将接受的数据加以分析再将指令传送给驱动器,然后由驱动器释放气囊。根据产生的电流强弱可以判断碰撞的强弱,所以处理器可以对汽车的缓慢减速(如在信号灯前停车)和碰撞时的急刹车加以分辨。现在人们用压电传感器来确定撞车时的位置、撞击物的大小和碰撞时的速度。这些因素也是合理使用气囊的决定性因素。

压电传感器在气囊系统中具有广泛的用途。例如,设计气囊时,一个要考虑的问题就是要使传感器判断出坐在车中乘客的体重及位置。尽管车内装置气囊可以在车发生碰撞时救人一命,但有时却易使乘客受到碰伤。譬如突然停车时年龄稍小的乘客可能会因为气囊的突然弹出而受到意外伤害。研究表明,坐在距离展开的气囊不到 8 英寸位置上的成年乘客同样会受到伤害。

研究人员在气囊安全性方面做了大量的探讨,他们提出利用压电传感器来解决这类问题。例如,采用复合丝织物做汽车座套,将压电材料嵌入其中,这样的织物就可以判断出乘客的位置及乘客在车中发生的任何变化。借助这个信息就可以判断出是否需要展开气囊及气囊的展开程度。

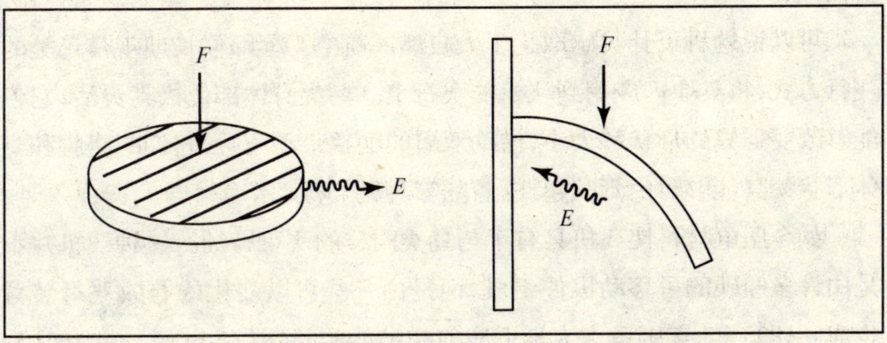

两种汽车加速计

压电传感器也可以应用到其他方面。其中最常用的是由华盛顿沃什湾(Vashon)K2 体育公司制造的新型滑雪橇。这个滑雪橇可以解决困扰滑雪者的一个常见问题:没有一种滑雪橇可以完全适合所有类型的滑雪。例如较深的软粉雪上宜于选用宽大的雪橇，而实雪则适于选用沙漏状雪橇，多次转弯时应选用短小的雪橇。因此如果只能购买一对雪橇，要想使它适合所有的场合又该做何选择呢？

K2公司认为问题解决的难点在于如何克服滑雪过程中产生的振动现象。当滑雪速度很快时，滑雪橇因猛烈接触地面而产生“弹离”现象，使滑雪橇发生变形振动。振动的产生使滑雪橇变得难以控制。

后来K2公司开发了一个利用压电系统制造雪橇头部的新型雪橇，成功地解决了振动问题。由于振动首先始于橇头，所以一旦发生振动，压电材料就会发生机械形变，形变使材料内部产生微弱的电流，电流被传送到小型处理器上，处理器分析收到的电流并判断压电材料发生的形变，确定出能够恢复压电材料和雪橇初始形状的机械变化，然后处理器将电流施加给压电材料，使压电材料和雪橇恢复到原来的形状。

有趣的是，压电材料也被广泛应用到航空工程领域。同雪橇设计者们面临的问题一样，航空工程师们一直苦于无法设计出一种适于各种飞行速度和飞行条件的飞机。最后在工程师们的努力下，他们终于在机体上设计出副翼、襟翼、升降舵和尾舵，使飞机能够在各种条件下自由飞行。

可以说这种设计灵感取之于大自然。航空工程师们长期观察鸟类的飞行方式，将其原理应用到飞机的飞行上。鸟类身体部位极其灵活，它们能够改变羽翼的形状和大小，借助双翼的羽毛带动飞行，它们的腿脚和身体形状使其能够自由驾驭起飞、着陆等种种飞行动作。

如今压电材料使飞机具有了与鸟类同样的飞行特征。这种飞机并不是由许多僵硬的可移动零件组成，而是由一些可以变化的有效飞行装置构成。1995年，美国奥本大学适应航空结构实验室(Auburn university's adaptive aerostructures laboratory)的研究人员就设计出这样一架模型飞机。科学家们称他们发明的飞机为魔斯拉(Mothra)。这个名字取自于1992年日本科幻电影中一个战胜了怪兽哥斯拉(Godzilla)的巨大飞虫。魔斯拉飞机由复合材料制成，整个机身加入了压电装置。按照研究人员的设计，对压电装置施电会引起它们的形状发生改变，如果研究人员希望魔斯拉左转或右转，他们就可以将电流信号施加给位于机尾垂直表面上的压电传感器，如果想让飞机向上或向下飞行，就将信号施加给位于机翼水平表面上的传感器。

1年后，奥本大学的研究人员开发出了第一架由智能材料制成的直升飞机，并以日本科幻电影里一个吸火的海龟卡美拉(Gamera)为之命名。飞机的旋翼由压电板材制成，借助这种材料可以改变飞机的形状和倾斜度。推进系统有5种主要部件构成，取代了传统直升飞机的94种部件。研究人员认为这种设计能够减少26%的飞行阻力，40%的飞机控制系统重量和8%的机身总重量。

压电装置也被广泛应用到航空和宇航领域。例如，一个令航空人员备感棘手的问题是如何判断出机身出现的纤细裂痕。通常这些裂痕出现以后并不会立即被人察觉出来，往往是在过了很久以后的例行检查中才被发现。然而一旦裂痕出现就会突然产生更大的破裂，导致灾难性事故的发生。因此航空公司一直在寻找能够识别机身裂痕的办法。

研究发现，利用压电检波器能够有效解决这一问题。在机身各处安装检波器可以随时监测机身材料的完整性。如果飞行中飞机机身出现裂纹，裂纹就会在风的作用下产生微小的振动波。这种振动波会引起机体表面细微的变形，虽然这些微不足道的变形在正常检查中通过肉眼无法察别出来，但却足以使附近的压电装置产生电流，电流随即被压电装置上的处理器识别并加以分析。

这种情况下的压电装置仅仅作为传感器之用。在航空应用方面，它还可以身兼两职，既做传感器又做驱动器使用。飞机震动之所以能产生严重后果，一方面是因为它会弱化机体材料的飞行功能，同时震动也使飞机在飞行中产生大量噪音。同K2公司制造的滑雪橇一样，也可以利用压电装置解决这一问题。当附着在机身上的压电传感器感知到飞机的震动后，就会将震动产生的电场传送给处理器。处理器对信号加以分析，决定作出何种反应来抵消飞机的震动并将电流传给压电驱动器，驱动器承担响应和控制任务，在电流作用下产生能够抵消飞机震动的应力，这不仅消除了震动引起的噪音，还降低了震动对机体材料的损伤程度。压电材料也广泛应用于解决工业、医疗等其他行业的噪音问题。

磁致伸缩材料

磁致伸缩材料与电致伸缩材料相类似，会在磁场作用下改变形状。磁致伸缩效应是由英国物理学家詹姆士·普利士卡特·焦耳(James Prescott Joule, 1818—1889)于19世纪40年代首先发现的。磁致效应(magnetostriction effect)又称焦耳现象(Joule effect)。同电致伸缩效应一样，若对磁性体施加外力，其磁化状态会发生改变。这就是维利拉效应(villari effect)或磁力效应(magnetomechanical effect)。

尽管磁致伸缩效应的细节十分复杂，但其原理很容易理解。磁性体内部布满了一个个无规则排列的离散域，即磁畴(magnetic domain)。由于磁畴排列杂乱无章，所以它们的南北极分别指向不同方向。当磁性体被外磁场磁化时，磁畴会在外磁场作用下产生移动，磁畴体积发生改变，与外磁场方向一致的磁畴扩大，这使磁性体的体积也发生了趋向外磁场方向的改变。在这一过程中，所有的磁畴都沿着外磁场的方向做一致的排列，它们的南极会指向同一个方向，而北极则指向相反的方向。

尽管大多数磁性体都有磁力效应，但磁力效应所产生的体积变化十分微小，大约仅有百万分之一。这个事实说明很难将磁力效应用于实际用途。但在19世纪60年代，研究人员发现合金具有明显的磁致伸缩性，因此将其命名为超磁致伸缩合金(giant magnetostriction alloy, GMAs)。它们的体积在外磁场作用下会发生千分之几的改变，这种改变足以使磁致伸缩材料广泛应用于实际用途中。

第一个研制出来的超磁致伸缩合金是铁、铽和/或镝合金，它是由美国马里兰州银泉市的海军作战中心(naval surface warfare center,

NSWC)的研究小组在 A. E. 克拉克(A. E. Clark)的领导下发明的。在他们研制的合金当中,最先成功的是公式为 $TbFe_2$ 的铽铁磁致伸缩合金(Terfenol)(Te 代表铽,Fe 代表铁)。后来研究发现 3 种金属合金的磁致伸缩性能比两种金属更好,其公式为 $Tb_xDy_{1-x}Fe_y$,命名为铽镝铁磁致伸缩合金(Terfenol - D)。现在,铽镝铁合金成为所有磁致伸缩合金中应用最广泛的一种。为了找到一种具有更好磁致伸缩性能的材料,研究人员研究并测试了多种铽镝铁合金的变异。例如东芝公司的科研人员研制出铽镝铁的变异合金,并获得了专利,这种合金也是由铽、镝、铁组成,但方程式为 $Tb_xDy_{1-x}(Fe_{1-y}Mn_y)$。爱荷华州立大学的研究人员研制出了(Iowa State University)类似的超磁致伸缩合金,这种含硅不含锰的合金也获得了专利称号。美国边缘公司因研发出与铽镝铁合金相似的合金而被授予专利,这种合金包含有稀土元素镧、铈、镨、钕、钐、铽、镝、钬(holmium)、铒和钇。下表列出了一些常用的磁性金属和超磁致伸缩合金的相对磁致伸缩系数,其单位为 λ,数值越大表明磁致伸缩程度越高。

后来,美国海军作战中心的克拉克实验小组对磁致伸缩材料进行了进一步的研究,他们发现在合金中加入镓会增强其磁致伸缩性。小组人员称加入镓的合金为镓铁合金(Galfenol)(Ga 代表镓,Fe 代表铁)。将其置于低磁场下时,它的体积会增加四万分之一。

将超磁致伸缩合金技术与另一种智能材料形记忆合金(本章后部将着重说明形记忆合金)结合在一起,就可以开发出更多的磁致伸缩材料。如今人们已经研制出来由镍和钛或铜(copper)和锌制成的形记忆合金。实验表明,由镍、锰和镓组成的单晶合金在磁场作用下体积增加多达 9%。可以看出,在智能材料研究领域,开发具有更强磁致伸缩性能的材料是一项多么激动人心的事情。

磁致伸缩材料是否能被广泛应用到实际当中,主要取决于它们对高频外磁场的反应模式:它们在交变磁场作用下可以反复伸张或缩短,这会引起材料周围空气的振动,从而产生不同波长的声波,包括超声波和可听声波。

部分材料的磁致伸缩系数

材　　料	磁致伸缩系数(λ)	材　　料	磁致伸缩系数(λ)
铁	-0.001 4	铁化镝	0.065 0
镍	-0.005 0	铽铁合金(铽铁)	0.263 0
镍铁合金(65%铁,45%镍)	0.002 7	铽镝铁合金	0.160 0-0.240 0
二铁化钐	-0.234 0	铽锌合金	0.450 0-0.550 0
四氧化三铁	0.006 0	铽镝锌	0.500 0

资料来源:"部分磁致伸缩材料的属性",智能材料网址 http://smartsite.immt.pwr.wroc.pl/index/gmm_02_mag_mat.

美国海军作战中心的研究人员利用磁致伸缩技术,借助磁致材料在磁场中的反应特征制成了第一个实用装置——声纳系统。该系统原理是磁致材料的伸缩使周围空气发生明显的振动从而产生声波,利用这个原理可将声纳系统用做探测定位对方位置。可以使用同样的技术产生超声波,用于诊断学、医疗以及清洗和测量等领域。

磁致伸缩效应最新的研究成果是由美国俄勒冈波特兰市的波浪工业有限公司(Wave Industrial Limited)设计的小型装置"声音之虫"(Soundbug)。该装置大小与鼠标相同,可插入 MP3、随身听、便携式 CD 机、手提电脑、便携式摄像机或录音机的耳机插孔上,同时将底座上的吸垫安置在桌子或窗户等平坦的表面上。当与发声源连接时,铽镝铁磁致伸缩合金在磁场作用下发生振动,在其周围形成声波,这个装置的声音出口在吸附表面的两端,因此平坦的表面成了一个扩音器。据说将两个"声音之虫"连到两个不同的表面上就会产生立体声的效果。

电致伸缩和磁致伸缩装置也应用于减振和噪音控制系统中,其原理与压电装置中的原理类似。飞机、汽车、工业或医疗机械上使用的压电装置发生振动时,电致伸缩或磁致伸缩传感器就会感知到振动带来的变化,将信号传递给中央处理器进行分析,决定出抵消变化及减少振动(和噪音)的应力。处理器再将这个信息传给电致伸缩或磁致伸缩驱动器,最后驱动器作出相应的反应。

正如本节所介绍的那样,从航空领域到运动器械,磁致伸缩和电致伸缩装置在各种领域里都有着极大的应用潜力。到目前为止,开发智能装置的工作仅仅取得了有限的进步。因为还有一个主要问题尚未解决:目前仍没有完全掌握这些材料的基本作用原理。如果这个瓶颈得以突破,消费者和各行各业的从业者们就会看到更多的磁致伸缩和电致伸缩装置用于日常生活或生产中。

电流变效应和磁流变效应

“流变学”(rheology)指的是在外力作用下,物体变形和流动的科学。电流变效应(electrorheological effect)和磁流变效应(magnetorheological effect)分别指在电场和磁场作用下,物体发生的变形。电流变效应是由位于美国玻尔得市的科罗拉多大学(University of Colorado at Boulder)的电子工程师威利斯·M. 温斯洛(Willis M. Winslow)于20世纪40年代发明的,因此电流变现象又称为温斯洛效应;与此同时,当时任职于美国国家标准局(U. S. National Bureau of Standard)[即现在的国家技术与标准研究院(National Institute of Standards and Technology)]的雅各布·拉比诺(Jacob Rabinow)发明出磁流变效应。

在这两种效应下,液体会发生极为相似的变化。外电场或外磁场力会立即改变液体的基本物理属性。一般来说,液体会由水油状变成黏稠性浆状体,甚至在某些情况下直接变成固体。这些变化几乎与外磁场的介入同时发生,其速度之快,甚至可达到几百万分之一秒。

对电流变和磁流变材料的研究与开发进程都十分缓慢。这是因为从事这两种研究需要掌握多种学科的知识,包括化学、物理学、工程学和数学。很少有人能全部通晓这些学科知识。同时,要获得足够纯度的液体材料来取得理想的效果也绝非易事。最初,温斯洛在他的实验里使用的是极细的粉状物，如淀粉、硅土、石膏粉和石灰，将它们悬浮在油状液体上制成电流变材料。而磁流变实验用的是铁微粒悬浮液。现在电流变和磁流变液体通常都是由相似的悬浮微粒组成，其直径约为 0.1—100 μm，占液体体积的 20%—60%。

◀雅各布·拉比诺(1910—1999)▶

一个人为什么选择当科学家呢？不同的科学家会有不同的答案：有的是为了让这个世界变得更美好，有的是为了探索大自然，有的是为了挣钱等等。但雅各布的答案是：科学研究使人快乐。1999 年，有人问他为什么如此勤奋地从事各项发明，他答道："因为它能使我感到快乐和激动，如果我没有成功，世界不会因此而灭亡，而一旦成功，这就是一项令人兴奋的成就了。面对发明的挑战和征服这种挑战，就像在玩字谜游戏一样，我非常喜欢这个游戏。"雅各布(Jacob Rabinow)说这句话的时候已经 88 岁了，那一年他正式从美国国家标准与技术研究院退休，但他仍积极从事着发明研究工作。

雅各布于 1910 年出生于俄罗斯的哈尔科夫(Kharkov)，也就是现在的乌克兰(Ukraine)，他的原名是亚考夫·阿里诺维奇·拉比诺维奇(Yakov Aaronovich Rabinovich)。1919 年，他的全家搬到了中国。父亲死后，他和母亲及弟弟来到了美国，于 1921 年定居于纽约布鲁克林(Brooklyn)。他就读于纽约城市大学(City College of New York，CCNY)，1933 年获得了电子工程学学士学位，毕业后的最初几年他从事过各种底层工作，包括在康尼岛(Coney Iisland)卖热狗，在无线电装配厂当架线工。1938 年，雅各布通过了美国工程民用服务考试，在美国国家标准局(即现在的国家技术与标准研究院)的武器实验室里做一名机械工程师。开始时每年收入为 2 000 美元。他正是在这个国家标准局里开始了从事创造发明的生涯。后来他谈道："我有很多问题要去解决，如导弹、降落伞释放、安全机制、近炸引信、发电机、速度控制机、录音设备，在这里工作对我来说既是机遇，又是鼓励。"

1954年，拉比诺离开了国家标准局，成立了自己的公司——拉比诺工程公司，因此他得以开发自己感兴趣的“阅读机”。1960年，他获得发明专利，专家们认为阅读机是他最伟大的发明成果。阅读机可以把字母和数字转化为点模式，通过将点与标准字体相对照来辨认字母和符号。现在拉比诺的发明已被用于信用卡、银行支票和存单及美国国家税务局(International Revenue Service)大量单据的读取上。

现在，科学家们对电流变和磁流变液体的机理有了更深刻的理解，他们认为外电场或外磁场会使悬浮液的微粒极化。以电流变液体为例，如下图所示，在外电场作用下，那些悬浮微粒变成了偶极子，它们会沿着电场方向排成长链，其中每个偶极子的正极都与相邻极子的负极相连，正是这种坚固的排列结构使黏度低的液体转变成黏度高的固体。磁流变液体具有相似的反应，只是那些悬浮在液体里的铁微粒变成了磁偶极子，每个磁偶极子的北极都会与相邻极子的南极相连自动排列成长链。

电流变或磁流变液体可用来生产汽车的减震器。例如，当安装在车身上的传感器察觉到不平坦路面带给车体和乘客的震动后，计算机就会判断出消除震动的应力，然后将信号传送给减震器里的电流变或磁流变液体，使液体浓度发生改变。

磁流变液体的另外一个显著用途是用于抗震建筑材料和结构上。可在建筑物的关键位置注入磁流变液体，发生地震时，传感器探测到地面震动的信号后，将信号传给中央处理器，处理器判断震动的大小并发出指令，使液体变成固体自动加固建筑。

到目前为止，电流变和磁流变液体的应用范围还十分有限，但研究人员预测它们终有一天会大展拳脚，广泛用于工业、航空、军事和其他领域中。与其他的材料一样，要使电流变和磁流变液体用于更广阔的领域，还需要对它们进行更深入的研究与开发。

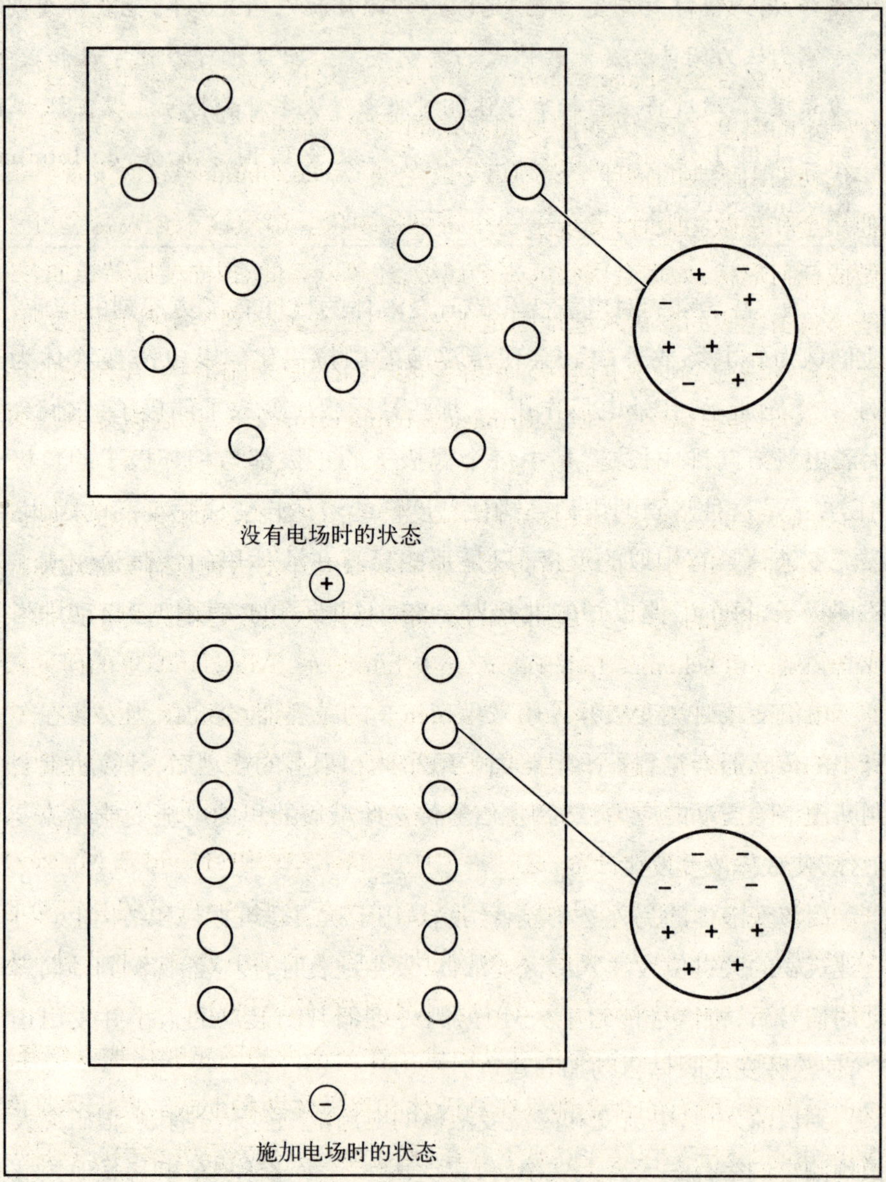

电流变效应

形记忆合金

形记忆合金(shape memory alloys,SMAs)指变形的金属在加热到某个特定的温度之后,仍能恢复到原来的形状。形记忆合金于20世纪30年代初期由瑞典的物理学家阿恩·欧兰德(Arne Olander)首次发现。当他用金和镉做实验时,发现了一个奇怪的现象。虽然这个金镉合金可以做成任何形状,如直金属线或平金属板,还可以弯曲、扭曲或反转扭曲,并能够将新生成的形状永远地固定下来。当合金加热到某个特定温度时,物体自动恢复到原来的形状,它好像能“记忆”原来的形状,在充足的能量——即“转换温度”(transformation temperature)下,可以恢复到原来的形状。

在欧兰德发现这个现象后的几十年里形记忆合金的研究很少被问津。直到20世纪60年代初期才开始继续探索开发这种具有实际用途的材料。在此期间,最早开展研究的是美国马里兰州怀特奥克海军武器实验室(Naval Ordnance Laboratory in White Oak, Maryland)里的研究员威廉姆斯·J.比勒(William J. Buehler)。一次偶然的机会,他发明了镍钛诺(nitinol)合金,这个名字来源于两种金属[镍(Ni)和钛(Ti)]及他所在实验室名字的首字母(NOL)。在一次研究会议上,比勒向与会人员展示一块被多次弯曲的合金,这时一位叫大卫·S.慕伊(David S. Muzzey)的研究人员拿出打火机开始为其加热。令大家奇怪的是,金属竟自动地恢复到了原来的形状。如今大多数的形记忆合金都不外乎以下3种:钛和镍(TiNi);铜、铝和锌(CuZnAI);铜、铝和镍(CuAINi)。

形记忆合金的这种变化可以由发生在合金内的固相变化加以解释。如下图所示,所有的合金都存在马氏体和奥氏体两种形式。奥氏体是两种形式的“父母”,它只在高温下存在,具有体心立体水晶性结构。它是一种粗大坚硬的金属,其属性与它的构成成分钛类似。当合金的温度降低时,它内部的分子结构发生变化,立方体变成了受压的马氏体结构,即孪晶马氏体,它可以存在于24种不同的晶体结构中。从奥氏体向孪晶马氏体的转变并不明显,因为两种状态大小形状类似。但孪晶马氏体却有着与奥氏体截然不同的物理属性,它有很强的弹性,所以又称孪晶马氏体为超弹性形记忆合金。

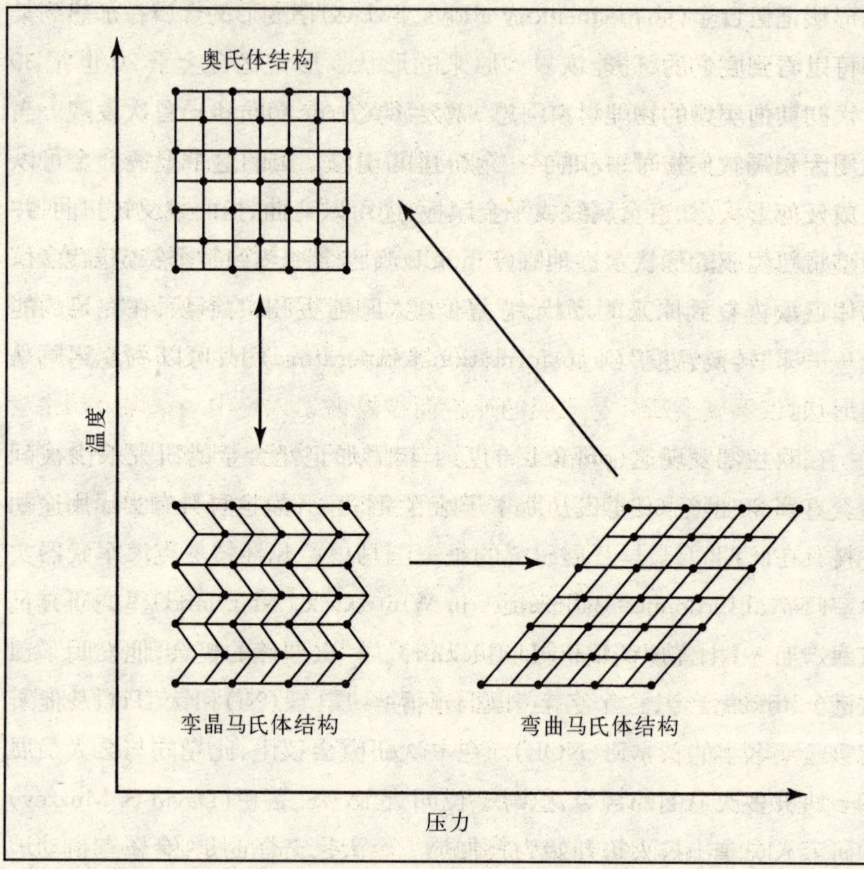

同一种材料的马氏体结构和奥氏体结构

将温度进一步降低,会发生第二个阶段的变化,孪晶马氏体变成了弯曲马氏体。与孪晶马氏体相同,弯曲马氏体也存在于 24 种不同的晶体中。但正如上图所示,两者有着明显不同的物理性质。弯曲马氏体柔软,易延展,易弯曲,有点像白蜡合金。

上图表明了合金在温度和压力下发生的 3 种状态及它们之间的关系。在此特别需要指出的是如果不改变温度,对合金施加外在压力也能使孪晶马氏体转变成弯曲马氏体。但通过这种机制产生的弯曲马氏体只能有一种晶体结构，只能以单晶形式存在。同时，对奥氏体施加充足的压力也能直接生成弯曲马氏体。

如今形记忆合金已经广泛应用于多个领域中，它们不仅能保持原有的形状，而且还十分智能。从航空和工业领域到医疗仪器乃至家居物品都可以看到它们的踪影。

同其他类型的智能材料一样，激发研究人员开发形记忆合金的一个重要因素是它们在军事和航空工业的潜在用途。现在已将钛镍合金用于发射及部署太空飞行设备的设计上。例如，钛镍航空公司发明出一种由微型加热器驱动的富兰杰伯特(Frangibolt)仪器，这个筒型的镍钛合金仪器里面放置有各种工具，如天线、盖门、太阳能板和实验载荷。当需要将筒里的工具释放发射到太空中时，仪器就会加热，使其收缩到原来的状态，这时仪器就会断开与飞船的连接而被发射到太空中。钛镍公司生产的另一种仪器宾普勒(pinpuller)也具有相似的功能。其形记忆合金金属丝会在微量加热下使载荷压缩弹簧发生形变，从而将宾普勒弹出太空船的船体。

现在，形记忆合金还用来提高传统飞机的飞行作业。例如，为了适应各种飞行条件，需要调整机翼形状以获得最大升力(在本章前部分已做过描述)，而采用形记忆合金就可以很好地解决这一问题。将机翼前缘和后缘及上下表面上设成形记忆合金结构，如下图所示。用电引线为合金加热到理想的形状时就可以达到最大的飞行效率。

我们知道，获取地球自然资源的一个重要方式是切割矿石材料。在开采地下资源时，通常要在山的一侧(或在其他开采地)挖出若干个洞，然后用炸药或切石锯开采出块体材料。虽然这些方法做起来很有效，但无奈造价高昂，而且容易使勘探到的材料发生变形。后来，意大利的阿波罗尼亚工程公司(D'Appolonia Engineering Consulting Company)发明出利用形记忆合金材料代替传统的钻井、引爆和切割等一系列的工艺流程。具体做法是：先打出矿穴，然后在里面放满形记忆合金制成的壳体，当给壳体通电加热时，它们的内部分子就会由马氏体结构变成奥氏体结构，壳体发生膨胀，使岩石爆裂，这样就可以取出有价值的矿石了。

形记忆合金也被广泛用于医疗领域，如闭塞动脉支架、腔静脉过滤器、牙齿矫正仪和眼镜都可采用形记忆合金为原料。下面我们分别以这些仪器为例，具体描述一下形记忆合金在医疗行业的广泛应用。

众所周知，动脉内壁的样斑沉着会导致动脉闭塞，阻碍体内血液流通，从而引起动脉疾病，这已成为很多发达国家里导致人们死亡的重要原因。从技术的角度来说，一项具有创新性又简单易行的技术是在堵塞的动脉里插入一个金属制的网状支架。这个柱形支撑物就是由形记忆合金制成，先将其高温加热成奥氏体结构，然后冷却到马氏体形态，虽然两种状态的形状相似，但这时的直径和体积都要小于奥氏体阶段。此时再将支架插入患者闭塞的动脉里，在动脉里上升的温度使处于马氏体结构的支架恢复到奥氏体形态。随着其大小和形状伸展到原来的状态，支架会扩张充满整个动脉内壁，从而打开闭塞的脉管使血液自由流通。

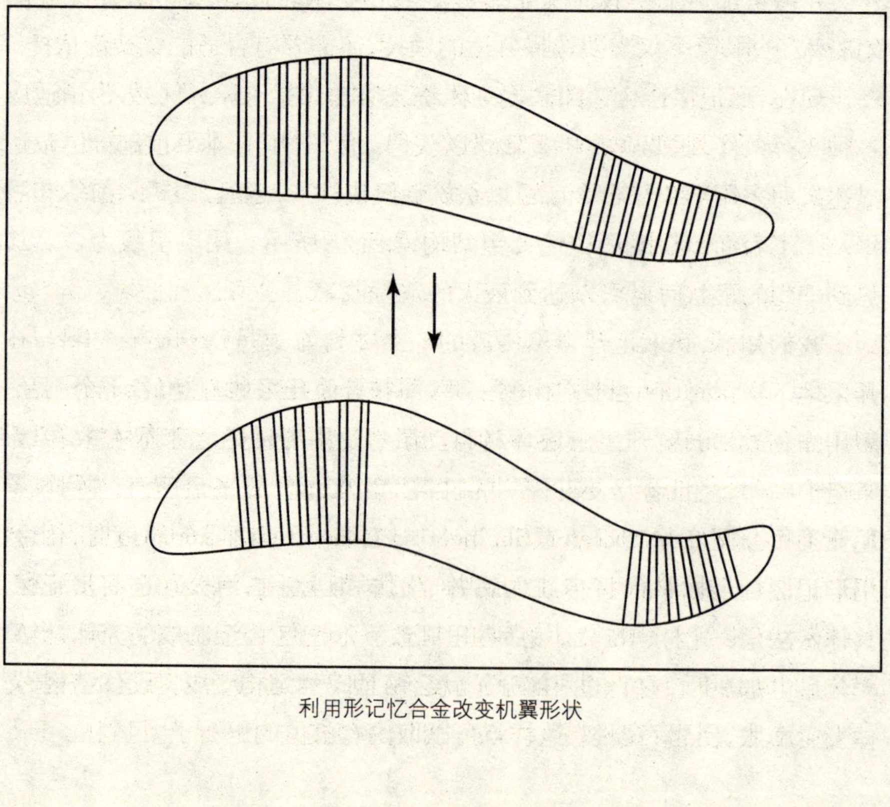

利用形记忆合金改变机翼形状

除此之外,还可利用形记忆合金制成伞状的腔静脉过滤器,用于治疗与心脏有关的疾病。为了防止患者体内其他部位形成的血块通过循环系统流入心脏而导致心脏病或中风,使用形记忆合金网状构型的腔静脉过滤器是一个非常有效的选择。使用时,将处于缩小状态(马氏体阶段)的过滤网折叠起来植入静脉内。进入静脉后,伞状过滤网会因温度上升而自动展开,扩充血管内壁,一方面可以使血液自由流入,另一方面可以过滤掉血液中的血块。

不仅如此,人们还利用形记忆合金制成了牙齿矫正仪。我们知道在传统的齿颚矫正术里,医生普遍使用钢丝来帮助矫正牙齿排列不整齐的问题。这种技术的缺点在于不锈钢钢丝伸展性和调整性很差,患者要经常请牙医调整钢丝的松紧性;而使用形记忆合金做材料就可以解决这个问题。因为这种金属丝具有很强的伸缩弹性,用力温柔而适度,所以减少了患者的痛苦。患者也不必因为疼痛而时常拜访牙医。

除了以上 3 点之外,形记忆合金也应用于眼镜的制造。要买到能够改善视力的眼镜不仅需要选择合适的镜片,还需要有合适的镜架为依托。试想一下,配镜店刚为你调配好镜架,突然你将书放在眼镜上或不小心坐在上面,破坏了刚刚调好的镜架,无奈之下,你只能再返回配镜店重新调配眼镜。但如果你选择形记忆合金做镜架,就可以通过加热眼镜的办法使镜架恢复原来的形状,而不必再到配镜店了。

形记忆合金除了可以广泛应用于航空科技、工业和医疗领域,如今也应用到家居设备上。日本的古河科技材料公司(Furukawa Techno Material Corporation)利用形记忆合金科技开发出各种有趣的家居产品,如形记忆合金电饭煲,其传感器和驱动器都使用形记忆合金为材料,做饭时能够根据煲内的蒸汽压自动开启电压阀,从而释放多余蒸汽。除此之外,还有形记忆合金咖啡蒸煮机,当水加热到适于煮咖啡的温度时,合金阀就会自动打开,从而将水注入到咖啡过滤器上。古河公司还将形记忆合金技术应用到天窗的设计、空调的制造上。他们生产出来的空调,能够根据房间的温度自动改变气流的角度,从而产生适合房间温度的气流。可以看出,形记忆合金材料既可以应用到高科技的产品中,也可以应用到一般的家庭消费品中，因此具有广阔的应用价值。

光致变色

光致变色(photochromism)指物质随着光线强度的改变而变化颜色，它是一种可逆反应，即在一定的光线强度下，又可恢复到原来的形式。这里“可逆性”(reversibly)是一个重要的判断标准，因为一般的化合物在光线照射下都会改变颜色，但光致变色材料在吸收一定的光束下又会恢复到原来的颜色。最典型的例子是变色眼镜，当置于阳光下时会变暗，而在人造光线源下又会变得透明起来。光致变色现象是显色现象(chromogenism)的一个分支，显色反应指物质受到外在刺激，如光(光致变色)、电(电致变色)或热(热致变色)导致的颜色发生变化的现象。据专家估计，在所有的智能材料中，显色智能材料最具有市场开发潜力。早在1995 年，美国 Gentex 公司仅光色致变的一种产品——自动防炫后视镜(self-dimming rearview mirror)销售量就达到了 100 万。

光致变色效应是由德国化学家 J. 弗里切(J. Fritzsche)于 1867 年首先提出来的。他发现阴暗处的并四苯溶液呈橙色，而置于光线下则变成白色。更重要的是，这种变化是可逆的——即水溶液在光线下变成白色后，根据光线强度的不同，又可以从白色恢复到橙色。后来英国化学家 T. L. 菲普森(T. L. Phipson)、荷兰化学家 E. 特·米尔(E. ter Meer)和德国化学家马克伍德(Markwald)分别于 1881 年、1876 年和 1899 年都发现了光致变色的现象。菲普森发现，表面覆有锌复合涂料的大门白天时呈现黑色，而夜晚呈现白色。特·米尔发现二硝基钾盐溶液在暗处呈黄色，在亮处呈红色。马克伍德发现 1,4-二氢-2,3,4,4-四氢萘-1-酮[compound 2, 3, 4, 4-tetrachlorohaphthalen-1(4H-one)]在阳光照射下会改变颜色，然而在黑暗中又发生相反的颜色变化。他把这种现象称为物理现象，而非化学现象。他的想法表明尽管已经到了 19 世纪，但人们对光致变色现象的理解还很肤浅。

第二次世界大战后，人们对光致变色的现象有了逐渐的了解。然而直到1950年，才由以色列化学家叶赫达·赫胥博格（Yehuda Hirshberg）将这种变化定义为光致变色。这个称谓来源于希腊字母“光”（photo）和“色”（chrome）。在这以后的几十年里，光致变色的应用性研究得到了长足的进展。人们首先利用这一原理发明了“自动”变色镜，它能根据光线的强弱由黑色变成透明再由透明变回黑色。1959年，美国康宁玻璃产品公司（Corning Glass Works）的研究人员威廉姆·阿米斯蒂德（William Armistead）找到了一种能使变色镜自动改变颜色的办法，这个成果使光致变色的研究取得了突破性进展。他将卤化银微粒掺进玻璃镜片里，在阳光照射下，卤化银见光分解，变成许许多多黑色的银微粒，均匀地分布在玻璃里，玻璃镜片因此显得暗淡，形成黑眼镜。但若离开强光处，卤化银本身并不能使眼镜由黑色变回透明色。于是阿米斯蒂德又加入了少量的一价卤化铜[copper(Ⅰ)halide]，这样眼镜就可以很容易地恢复到原来的颜色了。阿米斯蒂德的这一发现促使后来人们制造变色镜时，都加入了卤化银和一价卤化铜的成分。

光致变色的材料可分为无机化合物和有机化合物。其中最常用的无机化合物是卤化银，如摄影中常用的溴化银和氯化银。现在，这些化合物广泛应用于制造变色镜、自动挡风玻璃及能够根据光线强弱自动改变颜色的视觉显示设备上。在可见光的激活下，卤化银分解为卤素和银，卤原子里的电子游向无色的银离子，使银离子变成暗淡的银原子，进而使物质变黑。

$$CI^- - e^- + Ag^+ \longrightarrow Ag^0 + CI^0$$

镜片材料中加入的一价氯化铜有双重作用。首先，它与上述反应中生成的氯原子结合，使氯原子变成氯离子而留存在镜片中。

$$Cu^+ + CI^0 \longrightarrow Cu^2 + + CI^-$$

另一方面，此反应生成的 Cu^{2+} 离子与强光下产生的银原子结合，当强光消失时，可以将银原子转回银离子。

$$Cu^{2+} + AG^0 \longrightarrow Cu^+ + Ag^+$$

除了卤化银，利用基础化学课里做实验常用的双硫腙汞[$Hg(Dz)_2$]也能够进行光致变色反应。它的离子结构功能等同于下图中的双硫腙结构。同所有的化合物一样，在光致变色反应中，双硫腙汞的电子发生转移，结果生成另一种化合物，使得光照后的颜色由原来的橙色变成了蓝色。

在能够进行光致变色的化合物中，数量最多的是有机物类。同双硫腙汞一样，有机化合物在吸收一定波长的光线后，分子结构发生一定的变化，从而转变成另一种颜色的异构体(isomer)。在这种情况下，反应前后的两种异构体一个是闭合的、逆式异构(trans)，一个是开放的、顺式异构(cis)。它们分别指同一个化合物的两个构成原子在一个分子的两侧或同侧。

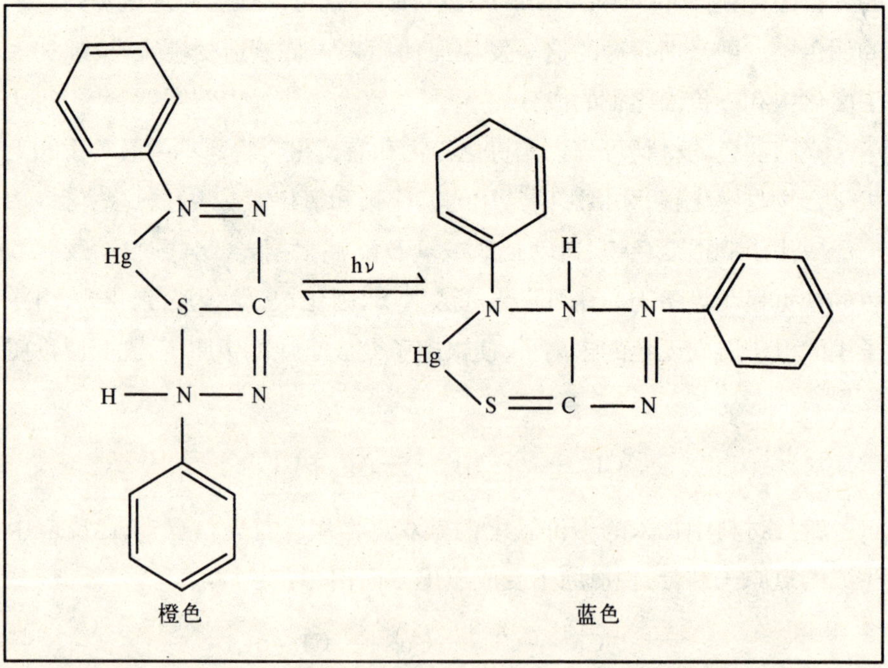

双硫腙汞颜色变化示意图

上述方程式并不能准确反映化合物在光致变色反应中发生的复杂变化。此时，能量较低的无色异构体成分相对稳定，在吸收强光后，能迅速移动到分子的另一侧。其速度之快,通常只需不到1微秒的时间。这种情况下,还需要研究特殊的技术来确定反应中最终形态和中间形态的分子结构特征。

变色玻璃和塑料制品的发明是光致变色材料的一个重要应用。如今开始研究如何更加有效地利用光致变色材料。例如,在位于美国加利福尼亚的圣劳伦斯伯克力国家实验室(Lawrence Berkeley National Laboratory)里,科研人员正在研究如何利用氢氧化镍[$Ni(OH)_2$]和二氧化钛(TiO_2)制造变色玻璃,使它们能够通过户外光线自动调节颜色以提高能源的利用效率。研究人员在玻璃中夹入两层薄薄的氢氧化镍和二氧化钛材料,使窗户适于居家、办公、工厂和其他设施。这种玻璃能在阳光暗淡时变透明,在阳光明媚时自动变黑,以阻止阳光的进入。

利用光致变色材料不仅仅可以制造变色眼镜和智能玻璃,如今从事纳米仪器的开发人员也对光致变色现象产生了浓厚兴趣,希望研制出利用光致变色原理运行的分子开关。荷兰格罗宁根(Groningen)大学的B. L. 法林佳(B. L. Feringa)教授领导其研究小组对这种分子开关展开了研究,他们发现分子存在两种异构体特征,分别为顺式硝基(M-cis-nitro)和逆式硝基(P-trans-nitro)。当前者在波长为365纳米(365毫微米)的紫外线照射下时,上半部分的分子结构会沿着双键旋转365°。这样,分子就由顺式结构变为逆式结构。更为重要的是,分子结构中的任何一个附加成分在这种紫外线下都会发生旋转,这就是分子开关的原理。

有趣的是,光致变色材料还可用于电脑信息存储系统。很长时间以来,人们一直在梦想发明出一种只用光但是不耗电的电脑,也就是光学电脑。因为光在空气中的传播速度是电的10倍之多,所以光学电脑有一个显著的特征,那就是它的运行速度要比普通电脑快得多。

除此之外,还可以利用光致变色材料制造光学电脑里的内存设备。总的原则是先让强光照射这种材料,使它从一种形式(如无色态)转化为另一种形式(有色态)。第一种形式为“开”,而第二种形式为“关”。利用这个原理,日本三洋电器公司新材料研究中心(Sanyo Electric Company's New Material Research Center)的研究人员最近发明了一种新式的光学计算机，它可以安全地记录信息，其信息读取的速度要比正常电脑快100万倍，研究人员表示，他们的目标是要计算机内存设备上的每个分子都充满信息，达到每英寸可容纳100万亿字节。

这种尝试表明光致变色材料的用途已不仅仅局限于我们所熟悉的变色眼镜、变色窗户和其他的日常用品，而是被应用到更广阔的领域中。随着科研人员对光致变色材料研究的不断深入，相信不久的将来，像分子开关、纳米计算机和其他的纳米设备等高端仪器将会变得越来越普及。

智能凝胶

智能凝胶指对外来刺激，如光、温度、酸碱度、气压、电或磁场发生膨胀或收缩反应的物质。它是由麻省理工学院(Massachusetts Institute of Technology, MIT)物理系的教授田中丰一(Toyoichi Tanaka)于1975年发现的。凝胶是一种介于固体和液体之间的胶状物质。常见的传统凝胶有吉露果子冻(Jell-O)、水果冻、豆腐、酸奶、橡胶水、摩丝、隐形眼镜材料和细胞里的细胞质。通常要在高温状态下，将分散微粒(分散内相)悬浮在分散媒介里，经过一段时间，甚至是几个小时的冷却后，才会析出凝胶。与传统凝胶不同，智能凝胶(intelligent gel)能迅速地从分散媒介里析出。

◀田中丰一(1946—2000)▶

人生的一大悲剧是在风华正茂时却突然离世。回顾田中丰一(Toyoichi Tanaka)教授的一生，我们不禁感叹于他对这个世界作出的巨大贡献。2000年5月24日，他在网球场上打球时因突发心脏病而故去。20世纪70年代中期，他发明了智能凝胶，并对这种新型材料的理论基础和实际用途作出了深刻的探索。

1946年1月4日，田中丰一生于日本新潟的长冈市。他父亲是日本浦和市(Urawa)埼玉大学(Saitama University)环境技术系的应用化学教授和学科带头人。田中在长冈初中毕业后，直接考进了东京大学，分别于1968年、

1970年和1973年获得物理学学士、硕士和博士学位。1971年秋天，在麻省理工学院从事博士后研究。1975年成为助理教授，1979年晋升为副教授，1982年提升为教授，学校因他杰出的研究成果授予他终生教授职位。

智能凝胶的发现为理论科学和应用科学带来了一场革命性的变化。它的性质为研究蛋白质的机理提供了独特的视角，在医疗科学、再生能源、食品生产和制造领域都具有广阔的应用潜力。为了促进对智能凝胶性质和应用的研究，在智能凝胶发现之后，即1975年，他成立或者是参与凝胶医疗公司（GelMed）、凝胶科技公司（GelSciences）、智能凝胶公司（Smart Gels）和舞踊公司（Buyo-Buyo, Inc.）等多家公司。20世纪90年代，田中教授开始探索将智能凝胶应用于生物医疗领域，甚至试图寻找地球生命的起源与智能凝胶的关系。他一直尝试开发一种类似于蛋白质的物质，使之能够合成生命有机体内的各种聚合体。1997年，田中被授予麻省理工学院第一位奥托和简明日之星理科教授（Otto and Jane Morningstar Professor of Science）。

田中教授不仅是一位充满想象的研究人员，他更是一位出色的教师。在一篇纪念田中教授的文章中，同事们称他为“优秀的演说家和物理教师，受到同学们的一致爱戴”。正是他那才华横溢的艺术天赋，使得他的演讲和所画的实验示意图变得形象生动，令人难以忘却。学校里的一些资深教师也特意参加他的讲座，因为“他的讲座是一场优雅的杰作展示，其中蕴含了许多他最新的发明”。他获得的荣誉有日本东丽科学基金会（Toray Science and Technology Prize）授予的第38届东丽科学技术奖（the 38th Toray Science and Technology Prize），1994年日本的井上科学奖（Inoue Prize for Science），1993年法国的达芬奇优秀奖（Vinci d'Excellence Prize），1986年日本聚合体协会奖（Award of the Polymer Society of Japan）和1985年的仁科纪念奖（Nishina Memorial Prize）。

智能凝胶与传统凝胶的另一个不同在于，智能凝胶能对外界刺激产生敏感的物理反应。例如,当温度从32℃降到31℃时,由N-异丙基丙烯酰胺聚合体形成的凝胶会膨胀数百倍。另一种由二甲聚硅氧烷和聚环氧乙烷形成的智能凝胶能在少量电流的作用下迅速膨胀或收缩,其速度之快,在不到一毫秒的时间就完成了状态的改变。制造智能凝胶普遍选用的材料有聚乙烯醇(PVA)、聚丙烯酸(PAA)、聚丙烯腈、2-羟乙基甲丙烯酸酯(poly)和2-甲基丙烯酸羟基丙酯。

最常见的智能凝胶是水凝胶。它可以在水中各种条件下改变形状和体积,但其分散微粒的分子结构十分复杂,是一个交叉长链型的三维造型。当湿度极低时,这些长链会自动断裂,形成类似于吉露果冻原料的高密度粉状物质。加水后长链空隙内会因充水而膨胀,从而形成凝胶。

智能水凝胶体积发生变化的另外一个因素是聚合体链的构成原子发生的电离作用。通常这些长链的电子处于中性状态,或仅携带少量的电荷。在水的作用下,它们的环境发生了改变,外在电势使它们的酸碱值也发生了变化,链上的原子因吸引到或排斥掉更多的电子,相应地呈阳性或阴性状态。这时,长链的各个部分因为带有同样电荷而相互排斥。下图表明了聚合体链在带电和不带电时产生的不同变化。

最初智能水凝胶只是应用在一些很普通的领域。人们用它制成高尔夫球鞋和直轮滑冰鞋的里衬,因为这种材料可以根据脚释放的热量调整鞋里大小,使鞋穿起来更舒适。但现在研究人员认为,智能水凝胶具有广阔的实际用途,例如可将它用于光学快门、化学、热量和电子系统里的驱动器和传感器、真空管、化学存储系统、流体开关、化学和石油溢出物吸收剂、尿布、化妆品和脱盐系统。但到目前为止,最引人关注的还是它在生物医疗方面的用途。

在不久的将来,医疗科学领域很可能成为智能水凝胶最有潜力的应用领域。研究人员正试图将它应用于制造人工肌肉。例如,10多年来,麻省理工学院的大卫·布鲁克(David Brock)教授一直在研究利用各种水凝胶成分,如N-异丙基丙烯酰胺聚丙烯腈-聚吡咯、聚乙烯醇和聚丙烯酸制造出肌肉状的物质。利用这些材料制造人工肌肉化学纤维,尿道括约肌和平口虎钳的实验已经取得了成功。尽管智能水凝胶制造的人工肌肉反应速度较慢，大约比正常肌肉的100毫秒慢几秒到20分钟，但其理论基础是无懈可击的。如果能找到有效提高体内智能水凝胶反应速度的办法，那么不久的将来就可以用这种材料来代替受损的肌肉。

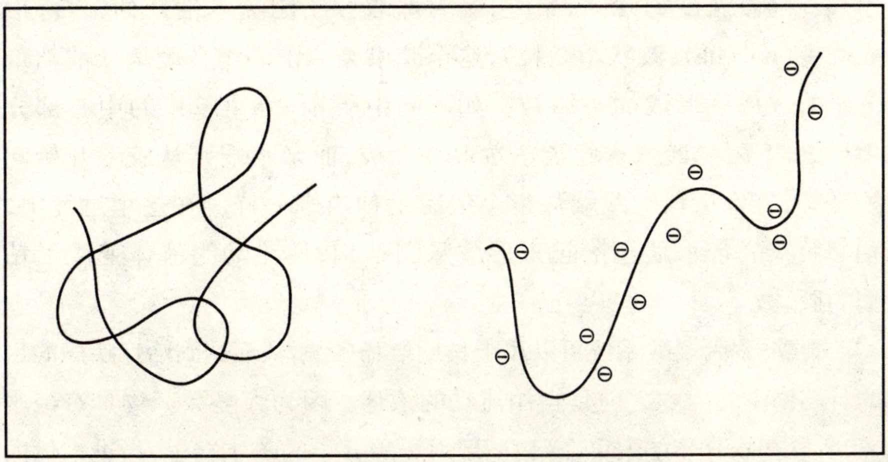

带电聚合体长链与不带电聚合体长链在结构上的变化

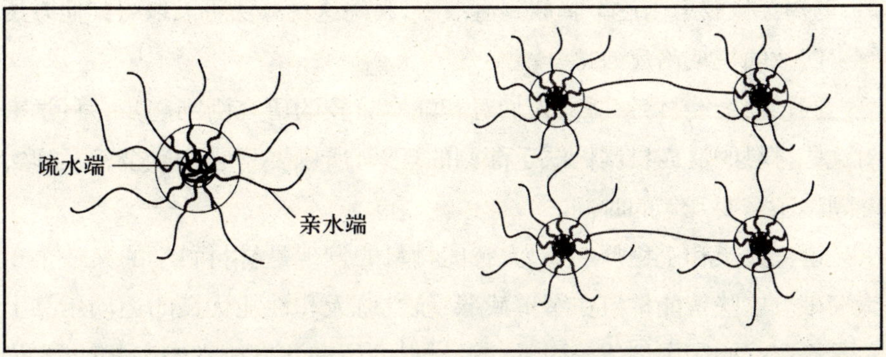

聚醚-聚丙烯酸分子的胶束形成过程

除此之外，智能水凝胶还可以应用于给药系统，商标为“智能水凝胶”的聚醚-聚丙烯酸(pluronic - PAA)成为这方面极具潜力的智能材料。聚醚是由两种物质混合而成，其一是聚丙烯酸(PAA)，它可以很好地与其他生物材料接合，同时能对酸碱值的变化产生反应。另一种物质是聚氧化丙烯(PPO)和聚环氧乙烷(PEO)的共聚物，它是聚醚共聚体的另一个构成部分。

聚醚-聚丙烯酸是一种稀释的混合溶液(浓度为1%—3%),它清澈透明,流性很强。但加热超过30℃后,其物理结构发生改变。这是因为聚醚-聚丙烯酸分子结构的一端疏水("憎水"),而另一端亲水("喜水")。随着温度的升高,聚醚-聚丙烯酸分子的疏水端开始聚合,形成胶束(micelle)(胶状小微粒),这个胶束类似于油滴在肥皂或清洁剂分子的作用下形成的小微粒。如下图中所示,每个胶束的中心部分由聚醚-聚丙烯酸分子的疏水端聚合而成,而亲水端则从胶束开始向外延伸,好像大量的线端从整个线团上伸出来一样。在这个过程中,相邻胶束的亲水端连接起来形成坚固结构,使流动的液体变成了黏稠的胶体。

聚醚-聚丙烯酸系统可以用于长期给药系统,从而达到治疗疾病的目的。药物注入体内之前是自由流动的液体。因为大多数药物具有疏水性,所以药物分子能聚集在聚醚-聚丙烯酸分子的疏水端里,当进入体内(正常体温为37℃)时,药物分子被包在聚醚-聚丙烯酸的胶束内。传输后,药物会从胶束内逐渐释放到血液中,利用这种办法可以取得其他方法无可匹敌的长期治疗效果。

同其他智能材料一样,人们对智能水凝胶的研究刚刚起步。科学家对这些材料的反应机制仍缺乏深刻的理解,所以要将它们完全普及到实际领域还需要几年的时间。

研究人员和工程师们认为,智能材料的发现是材料科学的又一个重大突破。这些智能材料在军事武器、航空航天和性能优良的运动用品上都具有广泛的应用价值。由于这种材料的研究开发成本较高,所以它们将会最先应用于不计成本损耗的领域,如军事和航空。专家们希望在未来10—20年内,智能材料能够成为消费者日常生活的一部分。

6 新型聚合物

“我只想对你说一个字……就一个字。”[由瓦尔特·布鲁克(Walter Brooke)扮演的麦圭尔先生(Mr. McGuire)对由达斯丁·霍夫曼(Dustin Hoffman)扮演的本杰明·布拉多克(Benjamin Braddock)说。]

“好的,先生。”(本)

“你在听吗?”(麦圭尔先生)

“是的,我在听。”(本)

“塑料。”(麦圭尔先生)

——引自《毕业生》,获1967年奥斯卡最佳导演奖,由麦克·尼可斯导演

一位成功的商人(电影《毕业生》中的人物麦圭尔先生)建议一名初出茅庐的大学生本杰明·布拉多克将塑料看成未来最有前景的材料。这一情景果真就发生在40年前吗?事实上,今天学名为聚合物的这种化学物质塑料已经随处可见。它的用途更是不胜枚举,从衣服、鞋袜、地毯,到运动服和运动器械,再到建筑板材和管乐器。

然而,在过去的10年间,当麦圭尔先生向本杰明·布拉多克提出这一建议时,无疑还是美国塑料工业发展的初期阶段。聚合物工业崭露头角的1930年,美国仅生产出1.5万吨这种材料。第二次世界大战结束的1945年,产量缓慢增长到40万吨。1995年产量增长到200万多吨,1960年又增长到300万吨。从20世纪70年代起,聚合

物业如雨后春笋般迅猛而稳定地发展起来，2005 年仅在美国就生产出重达近 1 100 亿磅的 12 种不同种类的塑料。塑料工业的发展是大量不同种类的聚合物材料发展的结果。这些材料实际上是伴随着人们所期待的所有类型的物理和化学材料的出现而应运而生的，它的用途更是不胜枚举。

聚合物是大分子化合物，又称高分子化合物。它是由一个或两个小分子(单体)通过聚合过程所形成的高支化的长链条。现在，既有天然聚合物也有人工合成聚合物。天然聚合物包括淀粉、纤维素、几丁质(构成节肢动物外壳的主要物质)、核酸和蛋白质等。人工合成聚合物是本章要探讨的内容，它主要包括聚乙烯、聚丙烯、聚苯乙烯、聚酯、聚碳酸酯和聚亚安酯。未经加工的人工聚合物常被称作树脂(resins)。聚合物主要有两种形成方式：加成聚合和缩合聚合(condensation)。

加成聚合物

加成反应是两个原子或原子团分别添加到碳-碳双键的化学反应过程(—C=C—)。最简单、最常见的加聚反应之一往往就是形成聚乙烯。许多乙烯分子相互聚合就会形成这种聚合物：

$$CH_2{=}CH_2+CH_2{=}CH_2\longrightarrow CH_2CH_2CH{=}CH_2$$

链增长：

$$CH_2CH_2CH{=}CH_2+CH_2{=}CH_2\longrightarrow$$
$$CH_2CH_2CH_2CH_2CH{=}CH_2$$

链增长：

$$CH_2CH_2CH_2CH_2CH{=}CH_2+CH_2{=}CH_2\longrightarrow$$
$$CH_2CH_2CH_2CH_2CH_2CH_2CH_2{=}CH_2$$

同样的反应会多次不断重复，最终形成分子式为$\{CH_2CH_2\}_n$的长链分子，通常 n 代表上千次的反应过程。

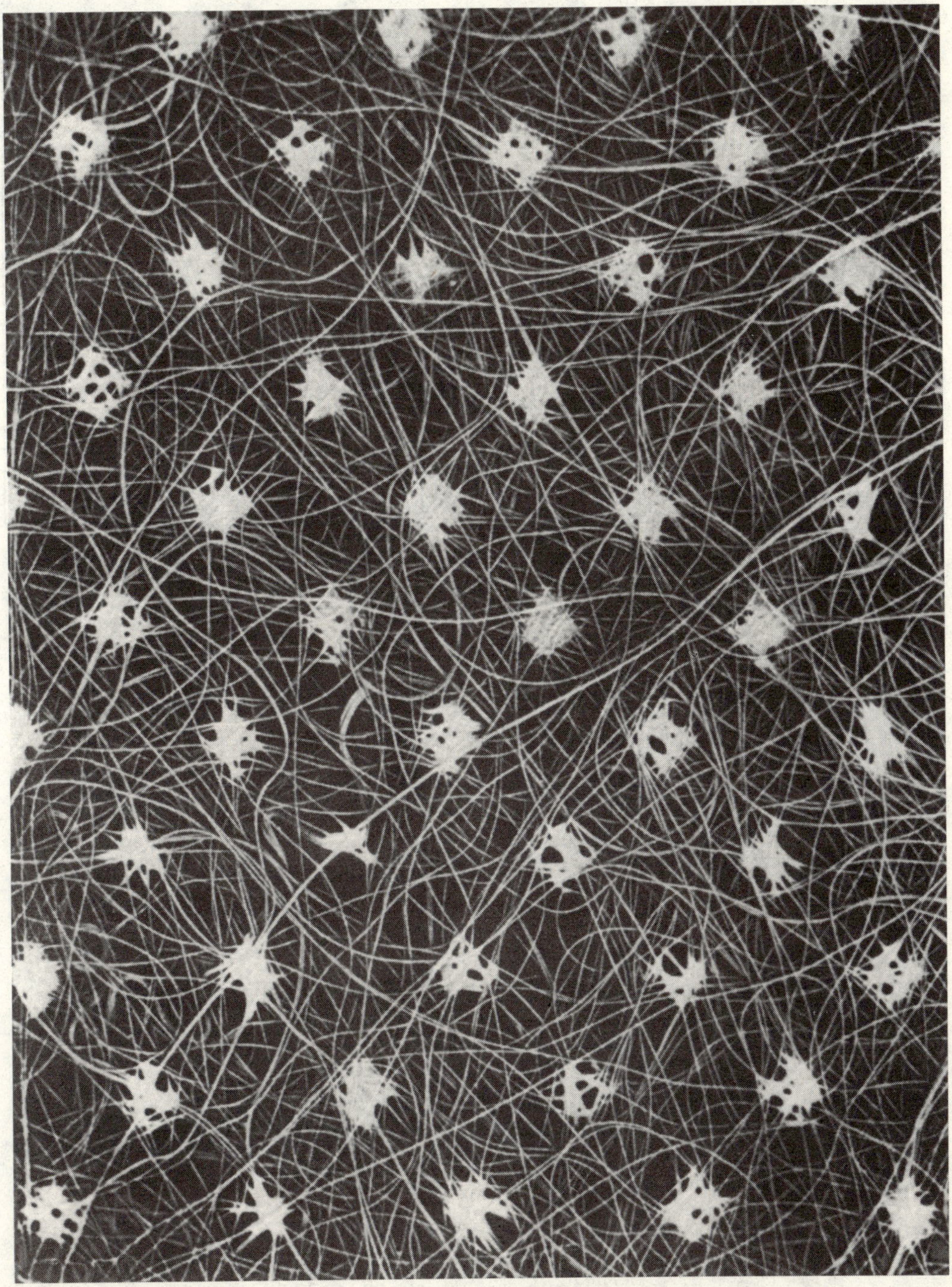

这张大功率显微镜下的照片显示出在一些聚丙烯纤维中发现的这种交叉连接。

一些常见加成聚合物

聚合物	单体
聚乙烯$[CH_2CH_2]_n$	乙烯*(CH_2CH_2)
聚丙烯$[CH_2CH(CH_3)]_n$	丙烯*($CH_3CH=CH_2$)
聚氯乙烯$[CH_2CHCl]_n$	氯乙烯($CH_2=CHCl$)
聚苯乙烯$[CH_2CH(C_6H_5)]_n$	苯乙烯($C_6H_5CH=CH_2$)
聚醋酸乙烯酯$[CH_2CH(OCOCH_3)]_n$	醋酸乙烯酯($CH_2=CH[CH_3COO]$)
聚四氟乙烯(铁氟龙)$[CF_2CF_2]_n$	四氟乙烯($CF_2=CF_2$)
聚甲基丙烯酸甲酯$[CH_2C(CH_3)(COOCH_3)]$	甲基丙烯酸甲酯($CH_2=C[CH_3][COOCH_3]$)

乙烯(ethene)和丙烯(propene)分别是国际纯粹与应用化学联合会(简称 IUPAC)对传统上被称之为化合物的乙烯(ethylene)和丙烯(propylene)这两种聚合物的正确系统命名。

像聚乙烯这样由一个单体构成的聚合物被称为单一聚合体(homopolymer)。描述一个单一聚合体的简化方式如下:

$$[—A—A—A—A—A—A—A—A—]$$

A 就是形成单一聚合体的单体。以上表格列出的是一些常见的单一聚合体和构成这些单一聚合体的单体。

单一聚合体通常比一个单体具有更复杂的结构。例如:他们可以包括与主链相连的许多支链,或者与邻近的支链相互紧密连接在一起,形成复杂的网状结构。除了单一聚合体,这种结构也可以与其他类型的聚合物形式相结合。

支状或网状结构会对一个聚合物的物理属性产生很大影响。例如:聚乙烯就是完全由长的、线性的、没有支链的主链紧密聚合在一起的,形成一种人们所熟知的高密度产品叫做高密度聚乙烯(HDPE)。这种产品具有坚硬、结实、牢固的特点。如果聚乙烯是高度支化的,它们就不会紧密聚合,而形成一种低密度的、柔软的、更有弹性的材料,也就是人们所熟知的低密度聚乙烯(LDPE)。此外,交叉链接的聚乙烯具有更坚硬、结实也更牢固的结构，也就是我们熟知的交联高密度聚乙烯产品(CLPE)。

加成聚合物也可以由两个不同的单体形成。这种情况下形成的聚合物被称作异分子聚合物，它也是由有分支或无分支或交叉相连的长链与两种不同的小分子单位构成的。丁二烯($CH_2=CH—CH=CH_2$)和苯乙烯($C_6H_5CH=CH_2$)之间的反应就是一个例子。这种反应下形成的产品被称作丁苯橡胶SBR或SBS，是人们现在可利用的人工橡胶的重要形式之一。丁苯橡胶种类繁多，用途广泛，包括：客车和轻型卡车用的新的或翻新的轮胎、鞋底或鞋跟、口香糖、传送带、橡皮膏和涂料、控水盘、食品袋的密封胶、汽车坐垫、刹车和离合器垫、胶皮管和皮带、橡胶玩具、电池外壳、电缆和电线的绝缘材料，以及用于外科手术的产品。

苯橡胶(及其他异分子聚合物)可以有很多种形式，取决于聚合物链内部的小分子单位的排列顺序。例如：这些单体有时以规则交替的形式出现，一般结构如下：

$$\text{+}A—B—A—B—A—B—A—B—B—A—B—A—B\text{+}$$

这种产品被称为交替共聚物(alternating copolymer)。在其他情况下，两个小分子单体在长链中任意排列，形成无规共聚物(random copolymer)，其基本形式如下：

$$\text{+}A—A—A—B—A—B—A—B—B—A—A—B—A—B\text{+}$$

还有一些情况，这些小分子单体成组地聚拢在一起，形成嵌段共聚物(block copolymer)，结构如下：

$$\text{+}A—A—A—A—A—B—B—B—B—A—A—A—A—A\text{+}$$

最后一种是接枝共聚物(graft copolymer)，它是将一种小分子单体形成的单一聚合体和另一种小分子单体形成的单一聚合体相连而成。例如：一个完全由B单体(—B—B—B—B—B—)构成的长链可以在许多位置和已有的完全由A单体(—A—A—A—A—A—A—A—)构成的长链相连接。

正如各种形式的聚乙烯一样，异分子聚合物的分子排列顺序影响到它们的物理和化学属性。例如：嵌段共聚物形式的丁苯胶能够抗挤压、结实而且富有弹性，使这种材料适用于做胶带、屋顶材料、筑路材料和玩具。相反，无规共聚物形式的丁苯胶结实、透明，适用于生产透明的瓶子和容器、胶卷和特殊纤维。

缩合聚合物

第二种聚合反应被称为缩合反应，在这种反应中，两个分子相互作用并排除一些小分子（如水和氯化氢）的反应。这种反应通常用以下方程式来表示：

$$R—H + R'—OH \longrightarrow H_2O + R—R'$$

研究人员选用 RH 和 R′OH 两种分子来获得反应。而这种反应在单次发生之后并未结束，而是继续重复多次，最后形成聚合物。

我们熟悉的一个缩合反应的例子是苯酚（C_6H_5OH）和甲醛（HCHO）的反应。如下所示的这一反应中，一个甲醛分子中的氧原子与两个苯酚分子中每个苯环里的氢原子作用形成水（H_2O），并将甲醛中剩下的—CH_2—组合与两个苯酚残留物相互连接。这一反应形成的化合物在商业上被称为电木（bakelite），是最早制成的人工合成聚合物之一，也是第一种完全由人工材料制成的化合物。

$$HCHO + C_6H_5OH \longrightarrow C_6H_4CH_2OH(OH)$$

$$C_6H_4CH_2OH(OH) + C_6H_5OH \longrightarrow C_6H_4OH—CH_2-C_6H_4OH$$

$$C_6H_4OH—CH_2-C_6H_4OH + HCHO \longrightarrow$$

$$C_6H_4OHCH_2-C_6H_3OH—CH_2-\text{等等}$$

大多数缩合聚合物都可以划分为 4 个主要类别：聚酰胺、聚碳酸酯、聚酯和聚氨酯。其中最早被合成的，也是后来最流行的人工合成聚合物是一种被称作尼龙 66 的聚酰胺。它是 1935 年由美国化学家华莱士·卡罗瑟斯（Wallace Carothers，1896—1937）最早发现的。尼龙 66 是由已二酸[$HOOC(CH_2)_4COOH$]与亚己基二胺[$NH_2(CH_2)_6NH_2$]反应制成的。这一反应的方程式如下：

$$NH_2CH_2CH_2CH_2CH_2CH_2CH_2NH_2+HOOCCH_2CH_2CH_2CH_2COOH \longrightarrow$$
$$-\!\!\!\![NH_2CH_2CH_2CH_2CH_2CH_2CH_2NHOCCH_2CH_2CH_2CH_2COOH]\!\!\!\!- + H_2O$$

这里我们注意到，正如我们之前提到的苯酚和甲醛的反应所显示的那样，当两种化合物相互作用时，一个水分子被分裂出来，形成一个新的能在一端和另一个己二酸分子发生反应，在另一端和另一个亚己基二胺分子发生反应的分子。经过一段时间，形成一个长链，这一长链由己二酸和亚己基二胺的交替的、单节显性的个体组成(每个化合物里的六个碳解释了为什么在这一最终产物的商品名称尼龙 66 中出现了 66 这两个数字)。

今天，我们通常把聚酰胺称为尼龙(nylon)。不同种类的尼龙因生成它们的反应物不同，所用的生成方法不同，而具有不同的物理和化学属性。尼龙的各种不同形式被划分为不同等级，如：尼龙 66、尼龙 6、尼龙 46、尼龙 11 和尼龙 12。尽管各种不同等级的尼龙在某种程度上各不相同，但它们都具有共同的物理和化学属性，例如：张力大，防电性能好，燃点低、高弹力以及抗碱性(但又不是强酸性)。尼龙的一些应用领域包括纺织物、毛毯、食品包装、钓鱼的渔线、摩托车上代替金属材料的装置(如：传动装置和轴承)、电的绝缘体以及电动工具的外壳。

聚酯是由对苯二甲酸($HOOCC_6H_4COOH$)或其衍生物的一种与乙二醇($HOCH_2CH_2OH$)反应而生成的，方程式如下：

$$HOOCC_6H_4COOH+HOCH_2CH_2OH \longrightarrow$$
$$HOCH_2CH_2OOCC_6H_4COOCH_2CH_2OH$$
$$(\text{聚合}) \longrightarrow -\!\!\!\![OOCC_6H_4COOCH_2CH_2]\!\!\!\!-_n + H_2O$$

在这个反应中，水分子被去除，最后形成一种属于酯族的化合物。酯是一种由酒精(如乙二醇)和酸(如对苯二甲酸)作用形成的有机化合物。这里我们需要注意的是对苯二甲酸是一种二元羧酸(即它包括两个羧基，—COOH)；乙二醇是一种二羟醇(包括两个羟基，—OH)。在这两种反应物的反应中，形成的酯仍有一个羧基和一个醇基，它能在一端与第二个对苯二甲酸分子发生反应，在另一端与第二个乙二醇分子发生反应。随着反应的继续，分子通过继续在两边加上新的小分子而变大。反应的最终产物是一个非常长的线性分子，这个分子包含了许多酯连接，被称作聚酯。这个特殊反应产生的聚合物为聚乙烯（聚对苯二甲酸乙二酯），其英文缩写就是常见的 PET 或 PETE。

尽管以上反应在实验室里所取得的成果很令人满意，但是商业上的聚对苯二甲酸乙二酯却不是通过这一过程形成的，而是用对苯二甲酸的甲酯和对邻苯二甲酸二甲酯（$H_3COOCC_6H_4COOCH_3$）代替了对苯二甲酸。在这个反应中，甲醇而不是水在两个反应物的反应中被去除。然而，这两种反应几乎大体相同。

聚对苯二甲酸乙二酯是现在所使用的所有聚合材料中用途最广泛的材料之一。Mat 是提供材料信息和材料性质的网站，在上面共列出 1 600 多种不同材料。除了常见的聚对苯二甲酸乙二酯（PET）外，也有其他反应物生成的聚酯。一些最常见的包括聚对苯二甲酸丙二酯（PBT）、聚对苯二甲酸环己烷二酯（PCT、PCTG 和 PCTA）、聚对苯二甲酸丙二酯（PTT 和 PTI）、聚萘二甲酸丙二酯（PTN）和聚萘二甲酸乙二酯（PEN）。在不同形式下产生的聚酯可以制成纤维、胶卷或可以被铸造或挤压的大分子物质。它们在市场上出售时有很多商品名称，其中包括：Arnite, Daron, Hostaphan, Impet, Melinar, Melinex, Mylar, Rynite, Teijin, Teonex, Terylene, Trevira。尽管这些聚酯因其生成形式的不同而具有不同的属性，但是它们都具有坚硬、柔韧、结实及吸水性差的特性，对大多数化学制品（但不包括碱金属）具有耐性，并具有耐气体性。尽管它们在厚的部分可能会产生一种白色脱落物，但大多数情况下，它们都是透明无色的。聚酯产品应用广泛，包括医疗产品（如人造皮肤和血管），许多类型的针织品和纤维、轮胎、坐椅安全带、磁带、照相用的胶卷、食品包装、饮料瓶、器具和家具的涂料、汽车的零件和附件、管道、通气管和其他建筑材料、长筒袜、船体和泡沫材料。

第二种缩合聚合物——聚碳酸酯，是聚合物家族中的特殊成员。它们通常是由碳酰氯($COCl_2$)和带两个苯环的化合物双酚 A [$HOC_6H_4C(CH_3)_2C_6H_4OH$]反应生成。这一反应的方程式如下所示。这一反应的结果是,除去两个反应物中的氯化氢分子,这个过程不断重复直到形成一个聚酯。聚酯是根据这个分子内不断重复的碳酸小分子($—CO_3—$)而命名的。

$$HOC_6H_4C(CH_3)_2C_6H_4OH + COCl_2 \longrightarrow$$
$$\left[OCOO\ C_6H_4C(CH_3)_2C_6H_4 \right]_n$$

聚碳酸酯坚硬、结实、有韧性,而且是透明的,在温度高达 140℃和低至-20℃时都能保持这种特性。最早的一种聚碳酸酯是 1953 年在德国生产的。商品名称为 lexan 或 Merlon。聚碳酸酯的一些用途包括:防弹玻璃或防护罩、电脑和音响设备的压缩盘、电动工具和家用电器的外壳、手机、电池的外壳、汽车的照明系统(包括头灯和仪表灯)、内部嵌板、外部零件(如减震器和主板)、瓶子和容器(尤其是婴儿使用的瓶子和饮水机)、花园设备、办公家具和医疗器材。

最后一种缩合聚合物——聚亚胺酯,是由一种叫做重排反应生成的,这种反应和其他任何一种聚合物的反应都很不相同。考虑一下下面给出的两种化合物之间的常规反应,其中一种化合物是二异氰酸酯,即有两个异氰酸酯(—N=C=O)基的有机化合物,另一种化合物是二醇,即有两个氢氧基的化合物。在这一反应中,二醇的氢氧基中的氢原子移至二异氰酸酯中的氮原子位置,而同一氢氧基中的氧转换到邻近的碳原子位置。这种重排反应的结果是形成一种新的化合物,这个化合物中两种反应物相互连接形成一种叫做聚氨酯的产品。

$$O{=}C{=}N{-}R{-}N{=}C{=}O + HO{-}R'{-}OH \longrightarrow$$
$$\left[CO{-}NH{-}R{-}NH{-}CO{-}O{-}R'{-}O \right]_n$$

聚氨酯是根据方程式为 $CO(NH_2)OC_2H_5$ 的母体化合物命名的。由于重排反应中的功能团在聚氨酯产品中仍然存在,它可以与其他的二异氰酸酯分子和二醇分子重复反应,最终形成聚亚胺酯的长链分子。由二苯基甲烷-4、4′-二异氰酸酯($O{=}C{=}N{-}C_6H_4CH_2{-}C_6H_4{-}N{=}C{=}O$)

和乙二醇($HO—CH_2CH_2—OH$)生成的一部分相对复杂的聚亚胺酯分子如下：

$$O=C=N—C_6H_4CH_2—C_6H_4—N=C=O+HO—CH_2CH_2—OH\longrightarrow$$
$$-[CO—NH—C_6H_4—CH_2—C_6H_4—NH—CO—O—CH_2CH_2—O]_n$$

聚亚胺酯在所有聚合物中功能大概是最多的。它可以制成纤维、涂料、坚硬而有弹性的泡沫、黏合剂、密封剂以及类似于橡胶材料的人造橡胶。每种类型的聚亚胺酯都具有决定其用途的特性。例如：聚亚胺酯纤维柔韧性强，具有很强的防潮、防导电的功能。聚亚胺酯用作涂料时，非常坚硬、有弹性、平滑而有光泽，而且耐磨损、耐侵蚀、耐多数化学材料。泡沫可以有许多种类，密度每立方米 30—750 千克，具有很低的导热性。人造橡胶类的聚亚胺酯通常耐磨损，尽管它们在低温时会变得坚硬、易碎。

聚亚胺酯如此广泛的用途给我们留下深刻印象，其用途包括家具和机床、毛毯和毛垫、汽车内部零件、坐垫、住宅、商业建筑、有轨电车、卡车和拖车用的绝缘材料、屋顶材料、汽车涂层、黏合剂和密封剂、装饰材料（一种最流行的叫氨纶或合成纤维的材料）、人造木头、电线和砖瓦的涂层、油漆、船体和组成部分、建筑嵌板、包装材料、医院用的被褥、伤口敷料剂、导液管和其他医疗器械、原油溢出吸收剂、香烟过滤嘴以及隔音设备。

热塑性和热硬化性聚合物

除了用来生成聚合物的加成聚合或缩合聚合的反应类型外，聚合物还可以根据它们加热时的反应大致分为两大类。第一类中的聚合物叫做热塑性塑料(thermoplastics)，被加热时会变得柔软而且开始流动；冷却时则再次凝固。热塑性材料开始软化时的温度叫做它的玻璃化转变温度(glass transition temperature：T_g)。下列图表中给出一些常见的热塑性塑料和它们的玻璃化转变温度。

一些常见热塑性塑料和它们的玻璃化转变温度(T_g)及熔化温度

聚　　合　　物	T_g(℃)*	T_m(℃)
低密度聚乙烯(LDPE)	−125	130
高密度聚乙烯(HDPE)	−125	135
聚丙烯(PP)	−10	175
聚苯乙烯(PS)	100	240
聚氯乙烯(PVC)	65—80	227
聚碳酸酯(PC)	150	—
聚对苯二甲酸乙二酯(PET)	70	265
尼龙 6	50	215
聚甲基丙烯酸甲酯	105—120	200
聚四氟乙烯(Teflon)	117	327

* 由于这些材料的合成物因其生成方式的不同而大不相同,所以这些数值均为近似数值。

资料来源:《聚合物属性》,来自奥尔德利的聚合产品,网址: http://www.sigmaaldrich.com/ing/assets/3900/Thermal_Transitions_of_Homopolymers.pdf。

《热塑性塑料介绍》,摘自贾斯汀·弗耐斯编写的《材料信心服务》,网址: http://216.239.41.104/search? q=cache: B17epgbl1pgJ: www.azom.com/details.asp? ArticleID=83+tg+table+"glass+transition+temperature"&hl=en&ie=UTF-8。

玻璃化转变温度与熔点(melting point)不同。熔点这一术语一般适用于结晶状物质,这种物质被充分加热时会从固体转变成液体。软化发生在非结晶物质中,在这个过程中,分子排序渐渐变得更杂乱无章。各种聚合物因其包含结晶部分和非结晶部分的多少而存在很大不同。玻璃化转变温度仅指那些物质的非结晶部分的软化效果。

与热塑性聚合物相比,热硬化性聚合物(thermosetting polymers)刚生成时柔软而具有可塑性,但一旦冷却后就变得永久坚硬、结实。所有的热硬化性聚合物都是缩合聚合物,其中广为熟知的有:酚醛塑料和其他的甲醛基聚合物以及含有环氧基团[即含有一个氧原子和两个亚甲基(CH_2)团的三分子环]的环氧基树脂。热硬化性聚合物和与它们相对的热塑性部分不同的主要原因是前者在邻近的聚合物分子链中迅速形成许多交叉结合。典型的例子就是本章前面部分讲述的苯酚和甲醛生成酚醛塑料的反应。一旦一个长分子链聚合物由这两个反应物生成,一个分子链中的氢原子就很容易和邻近分子链中的氢氧基反应生成水。然后,水分子被除去,从而形成这两个分子链的交叉连接。聚合物中许多分子链的这种交叉连接最终形成一种坚硬的结构,这种结构在进一步加热时不会受任何影响,这是识别热硬化性树脂的特点。

众多种类的聚合物的存在促使科学家们研制出将它们分类的方法,以利于对它们进行研究和描述。例如:通过加成反应和聚合反应形成的聚合物,被归为同一类是因为它们由相同的化学反应生成,并且在许多情况下具有共同的物理和化学属性。同样,热塑性和热硬化性聚合物被划分为一类,主要是因为它们遇热时的表现相似,致使它们可能最适合的用途也相似。

聚合物科学最新的发展

在因特网上对聚合物产品进行任意搜索,都会发现这种材料的数量和种类已经多得惊人!似乎我们可以想象得到的所有用途现在都已变成现实展现在我们眼前。对于聚合物的研究在化学科学的任何领域都是最活跃的。今天研究人员仍然致力于发明具有特殊属性和用途的新型聚合物。在这一研究领域最激动人心的一些研究包括传导和半传导聚合物、树状聚合物和人工蛋白的发展。

传导聚合物

聚合物在许多方面的应用是以它们具有良好的不导电性能这一事实为基础的。例如:第一个完全人造的聚合物——酚醛塑料之所以能够在20世纪早期获得极大的、普遍的成功,原因之一就是它强大的电绝缘属性。大批新兴家用电器的发展正是得益于这一属性的广泛应用。在随后的10年间,酚醛塑料被广泛应用于工业和家用电器设备的外壳以及电线和建筑的绝缘材料。在过去的这一世纪,许多不同种类的聚合物在电绝缘方面的应用已经成为传奇了。

因此,在20世纪70年代晚期,当两个研究小组(一个在宾夕法尼亚大学,一个在东京理工学院)宣布发现一种像大多数金属一样具有导电性的聚合物时,引起巨大震惊。产生这一发现的事件实际上是十分不同寻常的。在东京,白川英树(Hideki Shirakawa)和他的同事在研究一种名为聚乙炔的聚合物的生成和属性。正如下面图表所显示,通过乙炔的聚合所形成的聚乙炔可以以两种形式存在:反式(trans)或顺式(cis)。聚乙炔通常看起来类似普通的黑褐色粉末。然而,白川英树的一位助手,一位来自韩国的研究生,有一次偶然弄错了聚乙炔的反应方向,因此所形成的聚合物并没有沉淀成黑褐色粉末,而是形成了一种漂亮的银色的薄膜。原来是这位韩国学生由于日语水平有限,把通常用于生成聚乙炔的催化剂加了1 000倍的量!

白川英树没有对这一错误表示出不满,而是决定去了解更多这个早已为人熟知的聚合物-聚乙炔的更具吸引力的新的变体。他很快发现这种银色的薄膜是由反式聚乙炔构成,同时他还发现在不同温度下,加入大量催化剂可以产生类似铜色的薄膜。这种铜色的薄膜是由这一聚合物的顺式形式构成的。

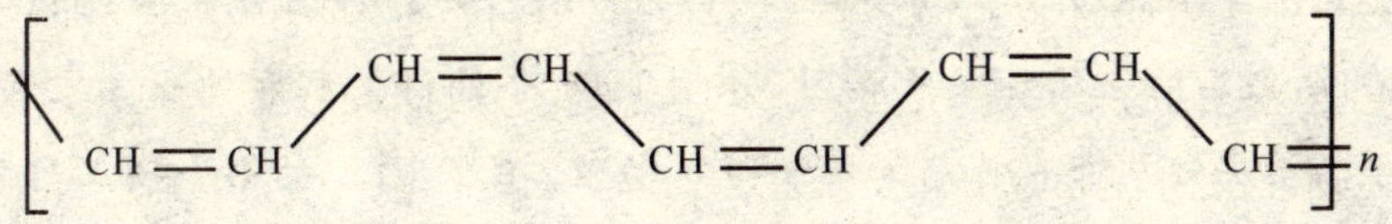

顺式聚乙炔

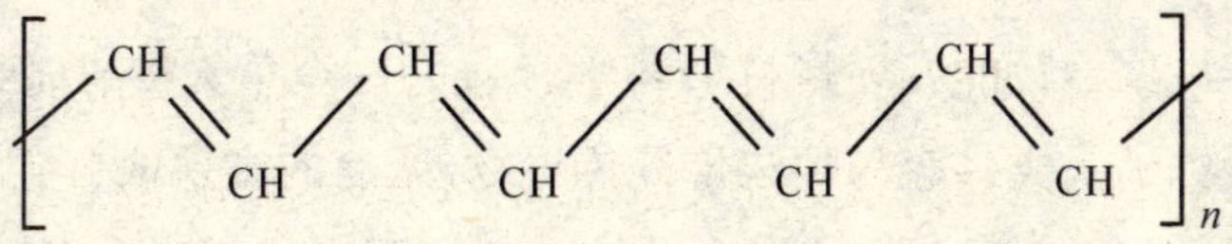

反式聚乙炔

聚乙炔的顺式和反式

◀白川英树(1936—)▶

当研究出现意外错误时,是否有寻找新信息、得到意外发现或者理想结果的方法,这就是1967年白川英树(Hideki Shirakawa)所面临的艰难抉择。他的一位学生在他的实验室里进行实验时,加入了过多剂量的催化剂。甚至到今天,也没有人能够确定无误地指出到底是谁出现了错误:是给予指导的白川英树,还是那位理解有误的研究生。答案到底如何对于今天来说实际上已经无关紧要,重要的在于这一错误的结果最终合成了一种全新的、之前从未见过的聚合物。这种聚合物像一些金属一样具有很高的传导性。随着这一意外的发现,人们开辟了蛋白质研究的全新领域。幸运的是白川英树具有非凡智慧和想象力,从出现的错误之中看到了机遇而不是灾难!

白川英树1936年8月20日出生于东京,在内科医生白川初太郎(Hatsutarou Shirakawa)和妻子白川冬野(Fuyuno Shirakawa)所生的5个孩子中排行第三。白川英树在12岁前,跟着家里颠沛流离,先是搬到高山市的乡村,随后又到了后来被日本军队占领的中国东北,并最终在世界大战结束后又迁回东京和高山市。白川英树早在初中时,就立志从事聚合物领域的职业。他曾写过一篇论文,文中表达了他要研究对普通百姓很有用的塑料的强烈愿望。

白川英树中学毕业后,考入东京理工学院(TIT),1961年在该校获得化学工程学士学位,之后他继续在该院学习,并于1966年获得工程学博士。之后,他在东京理工学院化学资源研究所担任研究助理,在那儿,他的第一项工作任务涉及聚合物合成的很普通平常的工作。直到1967年那场"不幸事件"发生,白川英树才得以进入聚合物研究的一个崭新领域——传导性聚合物领域。

传导性聚合物的发现是材料科学领域的一个重大突破,因为它为研究人员提供了一类具有与那些传统传导物(所有的金属或合金)的属性非常不同的全新材料。例如:聚合材料比金属更容易制成更多的形状。因此,它可以用来制成薄膜、空心球、扁平细长片和传导聚合物的不规则形状的粒子。而如果采用类似的金属作为原料生产上述产品的话就会在生产过程中出现一定的问题。

像聚乙炔这样的聚合物，在通常情况下是非传导性的，是什么使它们可能变成传导性的呢？这个问题的答案就在于聚乙炔分子的电子结构。这些分子是由交替的单键和双键（共轭体系）组成，这个双键分别由σ键和σ、Π键组成。组成σ键的电子在键内紧密结合。由于电子很难流动，因此不能穿过分子传递电流；Π键中的电子虽然在某种程度上流动性更强些，但仍然结合得很紧密，以至于在正常的环境下也不能穿过分子流动。聚乙炔在正常状态下包含足够多的流动的电子，但传导电流的功能比较弱。也就是说，聚乙炔是一种半导体材料。

将聚乙炔分子从一个非传导性状态转变成传导性状态的过程包括向聚合物里添加一些异质的材料（如掺杂剂）。使用的掺杂剂有两种：一种是吸引电子并将它们从组成聚合物分子的键中移走，另一种是向聚合物提供电子。在任何一种情况下，分子的正常电子结构都会被分裂，并且分子中独立的电子变得更容易移动。随着电子活动性的增强，它们可以穿过分子流动，当外部电压施加于聚合物时，它们可以从一个分子流动到下一个分子。

例如：碘原子对电子有很强的吸引力，当把它们加入聚乙炔时，它们有足够的力量拉动Π键中的电子，并将其中一些电子从中移走：

$$I_2^0+[CH]^0\longrightarrow I^-+[CH]^+$$

流失的电子所留下的空间被称作正空穴。聚乙炔分子链中的负碘离子和与之相连的正空穴被称为极化子。这种干扰可以导致这个分子附近部分的电子模式的分裂，最终导致单、双键的颠倒，产生一种被称为孤立子(soliton)的形式。遗留的Π键中的不相连电子具有很强的离开趋势而且要脱离这个聚合物链。当电压施加于一个链时，那些被“遗弃”的单个电子形成一股流经聚合体的电流。

向某种聚合物中加入的这种电子接收物质（如碘），由于电子从聚合物中消失，而被称为氧化掺杂质。还原掺杂质是某种提供电子的物质（如钠）被加入聚合物的过程。这种情况下，聚合物获得一个电子而成为负电荷：

$$Na^0+[CH]^0\longrightarrow Na^++[CH]^-$$

然而无论是加入氧化掺杂质还是还原掺杂质，其最终结果都是相同的，因为不是形成的钠或碘离子具有流动性，而是聚合物链的变体本身形成了穿过分子的电流。

尽管对传导性聚合物的最初研究是从聚乙炔的研究起步的，但是一些其他共轭聚合物也已经开发出这些功能。这些产品有：聚噻吩、聚苯胺、聚对苯撑乙炔、聚二氧乙基噻吩、聚吡咯、聚烷基芴。这些产品正在开始应用于许多工业设备、研究工具、医疗器械和电子设备方面。

例如，人们对有机发光二极管(OLED)产品和目前在许多种电子设备中得到广泛应用的无机发光二极管都具有浓厚的兴趣。有机发光二极管与传统的二极管相比具有很多优势，例如：制造工艺简单、有弹性、重量轻、比较细、耗电量低和可视角度大。有机发光二极管的制作与传统发光二极管相比简单得多。它一般由夹在两个电极之间的传导性聚合物构成。当电压施加于电极，电流流经聚合物，光就发出来了。

有机发光二极管的制成可以分为被动和主动两种形式。在被动形式中，电流流经限制显示器的每个像素的横排、竖排，很像传统的发光二极管。供给的电流的变化会影响每个像素所产生的光的强度，因而，也就影响了显示器本身的亮度。在主动形式中，一个晶体管薄膜被放在发光二极管的顶端，这个薄膜在设备一打开时就控制了流入发光二极管的每个像素的电流量。

传导性聚合物所具有的实际应用价值首当其冲的是用来制造一种所谓的塑料电池。当然，它在日常生活中还有许多重要的用途，从宇宙飞船和人造卫星的动力到便携式收音机和CD机的运转。尽管电池技术在过去的200年间发生了翻天覆地的变化，但是它们操作的基本原理并没有发生改变。电池的一个电极释放的电子流经一种传导性材料(电解液)，传到第二个电极。然后，电流通过外电路，流出电池，并再次流回电池。

正如电池之于现代文明所发挥的重要性一样，它也有很多与生俱来的问题。例如：所有的现代摩托车中使用的含铅电池重量都很大，因为它含有一种普通金属中密度最大的金属：铅。而且必须给这样的电池不断地充电，最终这些电池会因为磨损无法再继续使用，在制造和处理过程中还会带来严重的环保问题。在传导性聚合物开发成功之后，许多科学家希望并梦想这些物质能够用来代替传统材料制成高效的、质量轻的电池。

由于各种原因，这一愿望尚未实现。尽管研究人员已经设计出一些由传导性聚合物制成的在实验室里令人满意的电池，但是在实际应用上这样的产品的出现还尚待时日。例如：约翰霍普金斯大学的研究人员做了关于第一代全塑料电池的发展研究的报告，这个项目是由位于纽约的美国空军罗马实验室资助的。如下图所显示，约翰霍普金斯电池由5个基本成分构成：两个由铁氟龙制成的大约50 μm厚外部支撑板，一个由聚3-(3,4,5-三氟苯基)噻吩制成的阳极，一个由聚3-(3，5-二氟苯基)噻吩制成的阴极和一种含有有机化合物硼的有渗透性的凝胶体电解液。这种电池看上去像一张小信用卡一般大小，并可产生大约2.5伏特电压。而与之相比，许多电子设备所使用的普通AA电池可产生大约1.5伏特电压。这种电池有许多吸引人的特性，其中之一就是它几乎可以被制作成任何大小和形状，可以把它制成能够挂在墙上的一张大的薄片，或者能够放进口袋随身携带的可卷起的小软管。其具体形态似乎存在着无限的可能。不幸的是，在约翰霍普金斯的发明诞生之后的10多年里，塑料电池始终没有得到实际的应用。新型电池的市场价格力求与传统电池持平，而它众多值得期待的特性难以弥补其价格上的劣势。

不过令人欣慰的是，传导性聚合物在其他一些领域得到了应用。在这些领域中传导性聚合物在其性能上的高效是其他类型的材料无法比拟的，因此，其高昂的价格也得以被接受。例如，大量的这类聚合物已经作为抗静电介质被应用于照片胶卷、毛毡地毯和外科手术室中；电子设备使用的电路板的电镀工艺；电视机、计算机屏幕和移动电话显示屏使用的平板显示器；也有许多这类聚合物被用于“智能隔膜”中的生物传感器和化学传感器，可以用于气体分离、环境净化、药物分离以及其他用途。还有许多这类聚合物被应用到防辐射涂层、融冰嵌板、雷达碟型天线，以及超市售货所售商品的扫描系统中。这些传导性聚合物中的一部分已经发挥了实际的应用价值，然而还有些目前仍处于研究和开发阶段，可能要在许多年以后才能进入市场。

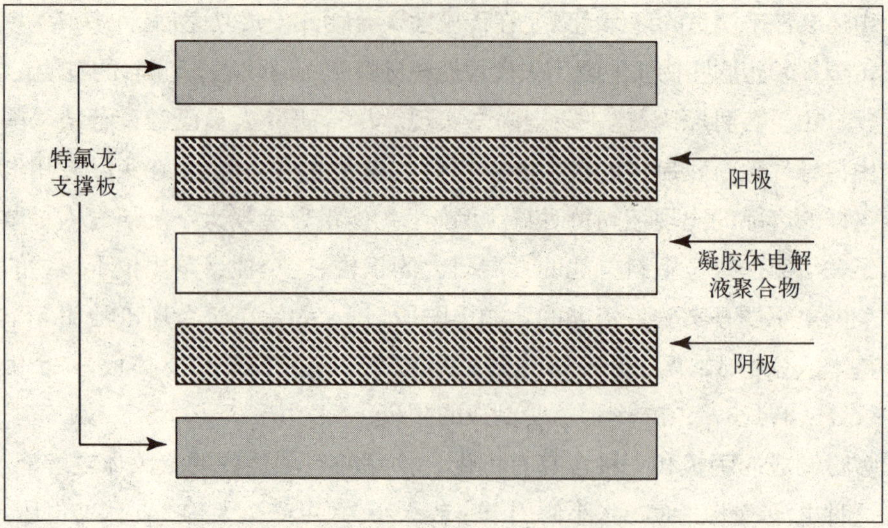

约翰霍普金斯大学开发的全塑料电池

传导性聚合物的发展前景与本章中讨论的其他新型材料存在着异曲同工之妙。在产品开发出实际应用价值之前,研究人员还必须解决许多技术问题。例如:传导性聚合物易于产生大量的静电,这会干扰使用传导性聚合物的产品。这一点已经成为该材料得到广泛应用之前,必须解决的首要问题。不过,传导性聚合物的市场前景仍然十分广阔。根据专家预测,在未来的10年中其增长率大约为每年5%。随着更多种类的传导性聚合物得到应用,以及研究人员对其相关技术问题的攻克,消费者将有可能在日常生活的产品中遇到更多这些令人兴奋的新型材料。

树状聚合物和超支化聚合物

树状聚合物(Dendrimers)是由美国化学家唐纳德·托马里亚(Donald Tomalia)及其同事于1979年在陶氏化学公司发明的。这类聚合物由于其高度分支的树状形态而得名,其名称来源于希腊语"树"(dendron)。树状聚合物的最简单形式是由一个带有两个或多个分支的单一的、基本的单体并由此延伸出另外的分支组成。树状聚合物的研究人员们为这一新材料预想了许多种实际的应用。这些应用包括在医学上的大量应用,例如用于诊断和治疗的给药系统,以及作为遗传物质的载体。工业方面的应用包括:电子和光子设备、表面涂层,以及大量的化学、石油、药物、化妆品和制药产品。产生树状聚合物的方法有很多。例如下图所示,一种树状聚合物就是由 1,4-丁二胺和 4 个丙烯腈(CH_2=CHCN)分子反应形成的。

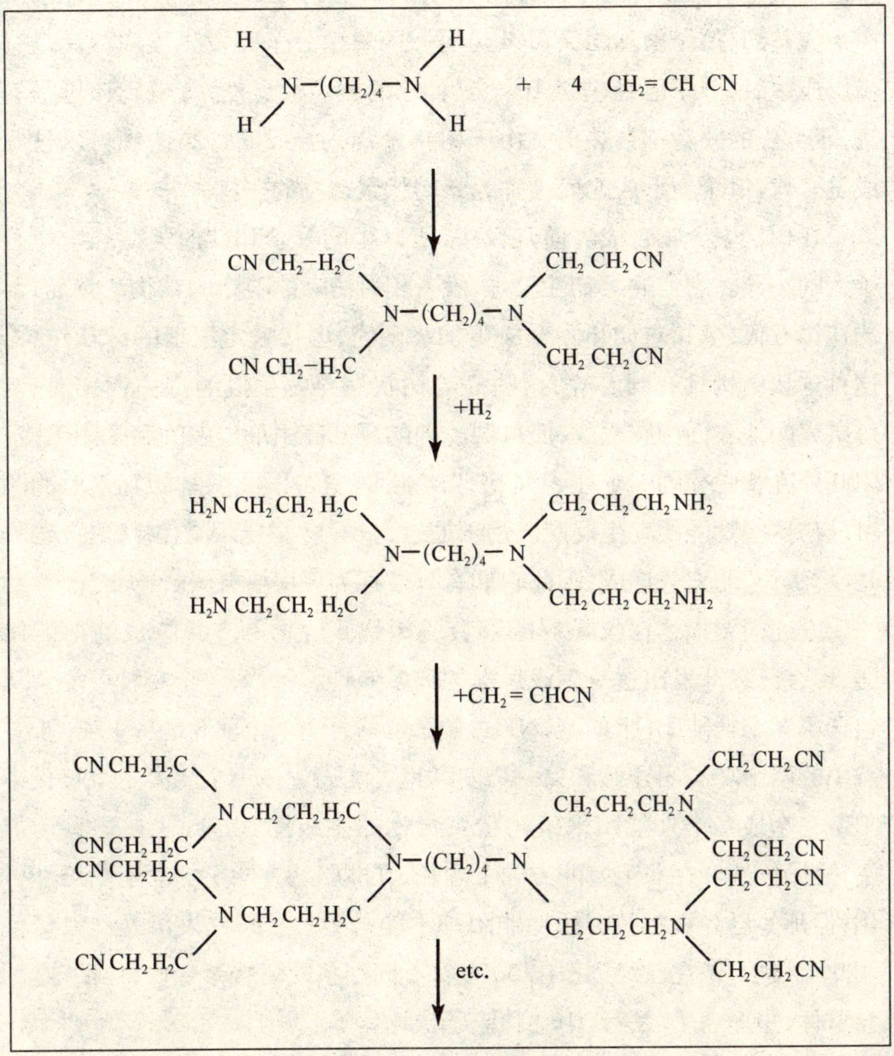

一种树状聚合物的扩散性合成

这个反应的生成物包含了由 1,4 -丁二胺提供的 4 个碳核,以及由这 4 个碳核连接的 4 个丙烯腈分子。在这一合成过程的下一个步骤上,这 4 个腈基(—CN)团被还原而形成氨基(—C—NH_2)团。这个反应导致的结果是,每个从中心核延伸出来的团都包含一个已经准备好与另一个丙烯腈分子反应的氨基团。现在这个分子包含了 8 个延伸出的分子团,而不是生成它的分子的 4 个延伸出的分子团。延伸出的腈基团的还原再次产生氨基团,每个氨基团又可以与另一丙烯腈分子团发生反应。在这一步反应之后,分子已经包含 16 个延伸出的团。很显然,每重复该过程一次,延伸出的团数都会加倍。由于树状聚合物合成的每次迭代可以被看成是一代,每个新形成的壳被称为该树状聚合物的一代。

在树状聚合物合成的前几代中,所产生的分子和其他类型的有机分子大同小异。它们的柔韧性较好,没有相对清晰的限定的结构。然而,大约在第五代之后,它们开始变成更加坚硬的、形状限定清晰的球状结构,这种球状结构具有同心壳,这些壳与树状聚合物生成的每一代相对应。每层壳的外表面由胺构成,而每层壳内的局部壳由形成胺的腈基团组成。因此外壳和内壳的一半在表面都有功能团(氨基团或腈基团),其他的团可以与这些功能团发生反应。由于通过这种过程中形成的树状聚合物都是以“爆炸”的方式形成,因此它们有时被称为星爆树状聚合物。

上述简要描述仅仅是对能够合成树状聚合物的方式的最简单的概述,现在已经开发出这一生成过程的许多变种。例如,一个变种可能会从包含了 3 个功能团(比如氨,NH_3)的核心分子开始,而不是从 1,4 -丁二胺中的两个功能团开始。另一个变种也可能通过在一个或多个生长代中阻塞一个或多个功能团来给树状聚合物的生成提供方向。在这种情况下,分子仍然会在非阻塞的方向上生长,在非阻塞方向上的功能团仍然可用;但那些已经被“封锁”的功能团却不能再生长。研究人员通过大量使用此类技术,现在已经创造出 50 多种不同形状的树状聚合物,包括球体、立方体、矩形盒子、长管、中空和篮子状物体等。

研究人员在最早期遇到的问题之一是树状聚合物能够生长的规格大小是否存在某种限制。研究人员想知道一个树状聚合物分子是否会生长到如此之大,以至于无法再进一步生长出更多的代。到目前为止,这个问题的答案似乎是“不会”。现在直径超过 10 纳米并且分子量超过1 000 000道尔顿的树状聚合物的生成已经是再也寻常不过的事情了。

树状聚合物最具吸引力的地方在于,它们具有一系列独特的颇有价值的物理、化学和生物属性。例如,它们的分子结构是如此精确,以至于人们几乎可以精确地锁定其分子中每个种类的每个原子所处的位置。因此由这些分子构成的材料有可能既是均质的,又是纯净的。树状聚合物分子操纵功能团的能力,使得以许多种方式增加其化学性质成为可能,比如增加或减少其在亲水或疏水溶剂中的溶解度,或提供与其他分子形成化学键的机制。可以通过以下这种方式来合成一个多功能树状聚合物分子:首先通过以某种方式修改分子中某些部分的某些功能团,以另一种方式修改分子中其他部分的其他功能团,再以另一种方式阻塞分子中的其他部分的其他功能团,从而形成一个在分子的不同片段能够执行不同功能的产品。树状聚合物分子最令人感兴趣的优点之一就是有典型的位于其中心的凹陷空穴。该空穴提供了一个场所,可以存储和运输原子、分子、离子以及其他化学物种,如同可以存放硬币的随身携带的钱袋一样。

正如一些科学家建议的那样,树状聚合物可以构成一种非常特殊的给药系统的主要成分。患者所需的药物可以先被注入到一个树状聚合物的中心空穴中,并且该分子的外表面可以被修改成能够“识别”和定位某种特殊类型的需要此种药物的细胞(比如某种癌细胞)。树状聚合物药物包一旦进入人体,接下来就会定位到需要治疗的特定细胞,而不会定位到可能会被该药物损伤的其他细胞。一旦树状聚合物药物包完成了对目标细胞的定位,树状聚合物分子就会打开并释放出药物给该细胞。类似的过程可以用于向细胞中转染 DNA。转染是指为了起到诸如治疗遗传紊乱的作用,而将外来遗传物质注入到某些宿主细胞中的过程。现在已经设计并构建出能够传输药物、基因和其他物质的树状聚合物分子。然而,目前与广泛应用所涉及的技术和经济方面的问题仍然悬而未决,尚未得到妥善处理。

本节开头描述的由托马里亚开发的合成树状聚合物的方法,称为发散法合成(divergent synthesis)。因为合成是从树状聚合物的核心开始向外生长直至产生完整分子。在 20 世纪 90 年代早期，位于美国伯克利的加州大学的 J. M. M. 弗拉泽提出了另一种树状聚合物生成方法，现在称为会聚法合成(convergent synthesis)。在会聚合成方法中，合成过程从树状聚合物的外壳开始，向内构建直至最后一步将树状聚合物的核心插入到分子中。

理论上，生成树状聚合物的发散法和会聚法有许多类似之处。在会聚法合成中，合成过程是从一个多功能(在本例中为两个功能的)分子开始，如下图中的 RX_2 分子。它能够与第二个分子进行化合，第二个分子能够与第一个分子的两个反应活性部位中的任意一个进行反应。于是该双功能分子的核心部分就转变成一种活性形态，产生了反应的第一代产物。接着该分子与第二个原始双功能种类的分子发生反应，产生第二代分子。随着这两步反应的不断重复，一个具有树状聚合物外壳形态的伞状结构开始形成。当这些壳生长到足够大的时候，它们之间相互结合并共同结合到一个中央核心分子(或分子团)，最终产生一个完整的树状聚合物。

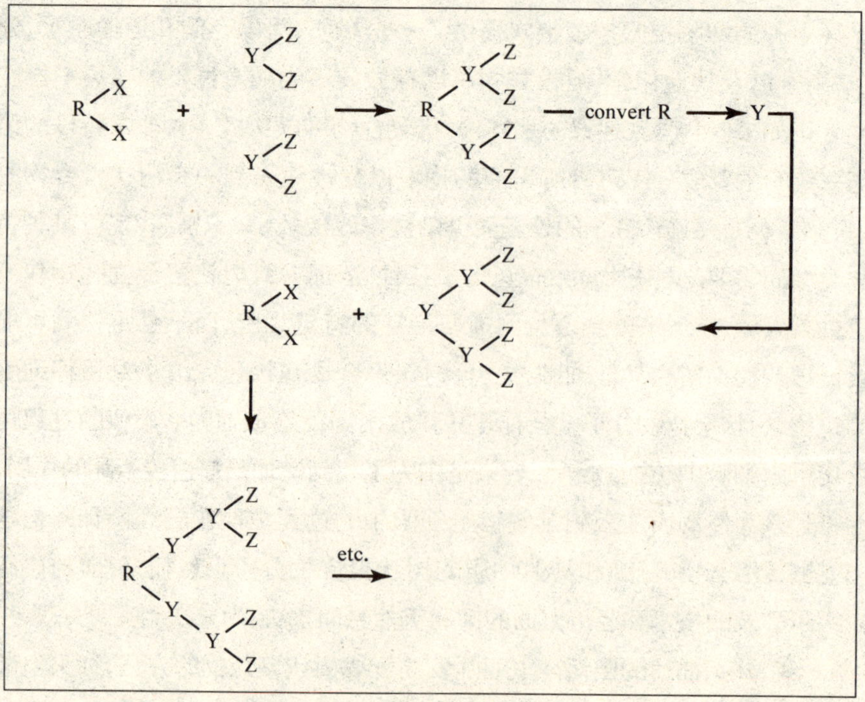

树状聚合物的会聚法合成

两种合成树状聚合物的方法都有其各自的优点和缺点。例如：发散树状聚合物似乎没有大小的限制，而会聚树状聚合物的大小由它们相互结合之前能够形成的楔子的最大尺寸决定。然而，发散树状聚合物合成中出现错误的可能性要远远大于会聚树状聚合物，因为会聚树状聚合物中新的小分子的增加可以得到更小心谨慎的控制。向某种会聚树状聚合物的外壳加入各种各样的功能团似乎也比对相应的发散树状聚合物进行同样的操作更容易。

一些研究人员发现树状聚合物在工业、医疗、科研和消费品等领域的应用都有着美好的前景。一个生产树状聚合物的公司所生产出的产品可以广泛应用于以下产品的制造：给药系统、基因转染、生物工艺学、诊断和探测系统的传感器、碳化纤维的表层、微接触印刷法、黏合剂、分子电池、催化剂、隔离系统、激光、合成物和光学上的超薄胶片。

迄今为止，这些应用却很少得以实际地成功应用。但是目前的发展趋势似乎十分支持对未来树状聚合物广泛的发展前景所持有的乐观积极态度，在不久的将来更广泛地应用。据美国树枝纳米技术公司报道，公布的树状聚合物数量从 1980 年的 0 个成功发展到 2003 年 1 年中 2 000 个之多。由福利-拉德纳律师事务所做的一项最新研究表明，注册的树状聚合物专利产品的数量已从 1976—1980 年期间的 0 和 1981—1985 年期间的 2 种发展到 1996—2000 年间的 433 种和 2001—2005 年间的 1 000 多种。

阻碍树状聚合物应用迅速发展的最重要的因素大概是产生这些分子所需要的时间和费用。这个问题的一个可能的解决方案就是生产类似树状聚合物的分子，这些分子能够更容易制造而且成本较低。达到这一标准的分子团为超高支聚合物(hyperbranchedpolymers)。在本文中，超高支(hyperbranched)这一术语是指许多直链被连接到一个单一的核心结构上的分子。通过这一定义判断，树状聚合物是超高支聚合物的一种，因为它包含了由一个中心核向外延伸的大量分子链。树状聚合物与其他类型的超高支分子的区别，除了易生产外还有它能形成近乎完美的结构。可以将一种树状聚合物比喻成一种造型完美的精心修剪的树木，将一种超高支聚合物比喻成一棵随意生长的树木。前者的每片叶子、树枝和小嫩枝都在某个确定的位置；而后者的树枝和小嫩枝都有不同的形状和大小,形成一种有些无序的结构。

例如:美国圣路易斯华盛顿大学的安佳·穆勒和克伦·L.伍利制造出一种始于3,5-二(五氟苄氧基)苯甲醇的超高支聚合物。如下图所示,这个单体中的单一的氢氧基团很容易与邻近分子中的氟或苯环中其他取代物发生反应而生成二聚物。

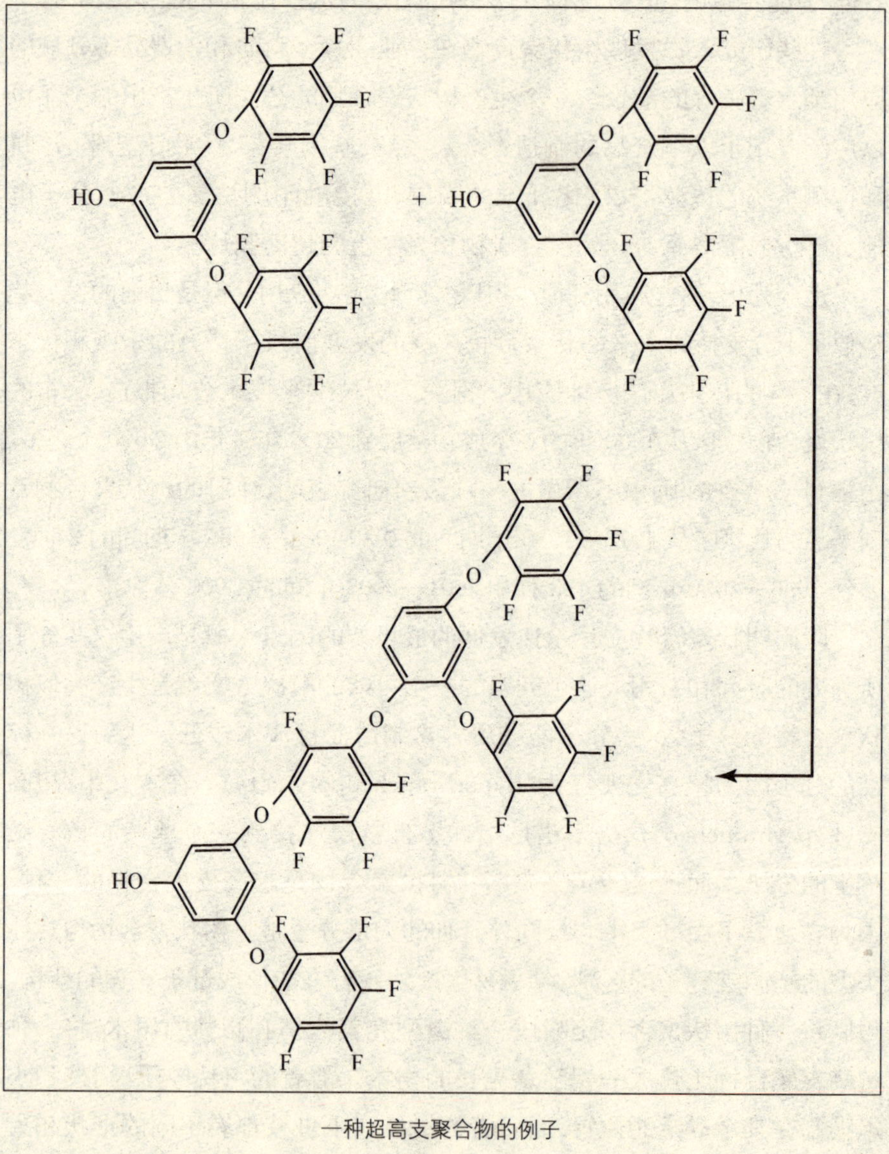

一种超高支聚合物的例子

然后这个二聚物与另一个邻近的分子以类似的方式发生反应。在实际的反应过程中，一连串的这些反应发生的速度非常快，超高支聚合物本质上是一步形成的。这种类型的反应与树状聚合物的生成形成鲜明的对照，树状聚合物的生成是经过许多不连续的步骤的长期的反应。

如今位于德国弗赖堡的超聚合物股份有限公司已经生产出了超高支聚合物。该公司建议的产品使用范围有：化妆品中水分的保持、纳米多孔材料的模板、有机化合物的维持、特殊的涂料、可控制的毒品释放、释放缓慢的化合物的包装、作为交联键的药剂和组织生长系统的水凝胶。

树状聚合物和超高支聚合物是目前开发的最新的、最不寻常的物质。两种产品目前都处于其发展的早期阶段，而且有时似乎还得不到广泛应用。

人造蛋白质

在过去的几十年，化学家们已经合成一大批令人惊异的新材料，这些材料包括：传导性塑料、树状聚合物和超高支聚合物，但是这些成就与每时每刻由细菌、病毒、甘蓝叶、萤火虫和其他类型的活的有机体合成的惊人的分子类别相比，实际上算不了什么。甚至是最简单的有机体都很容易制造出核酸、碳水化合物、脂肪、蛋白质和其他生物化学的分子。这些分子的结构和功能如此复杂以至于化学家们可能无法复制它们或者甚至无法弄懂它们。于是，对许多化学家来说，可以想象的最大的挑战就是找到模仿复杂的自然分子合成的方法，这并不足为奇。许多年来，这一领域最激动人心的研究自始至终都是人造蛋白的设计和生产。

蛋白质因其在活的有机体体内的各种各样的功能成为引起研究化学合成物的化学家们特别感兴趣的东西。首先，蛋白质是多数动植物体的主要结构成分，平均至少构成细胞干重的一半。其次，蛋白质具有活的有机体的许多必不可少的功能，包括神经讯息的传送（神经传递素），新陈代谢调节（激素），抵御外界感染菌袭击（抗体），生化反应催化剂（酶），氧气的运输（血色素和相关化合物）。因此，了解通过合成方法复制蛋白质的生成方式，以及它们执行这些不同功能的方式，对当今世界的许多化学家来说都是重要的挑战。

蛋白质是由氨基酸的各种组合构成的自然形成的聚合体。普通人最为熟悉的氨基酸是 α 氨基酸，即包含如下所示结构的羧酸：一个氨基(—NH_2)团连接到第一个(α)碳原子，该碳原子又连接到羧基(—COOH)团。其他种类的氨基酸也存在，但它们不出现在构成活的有机体的蛋白质中。

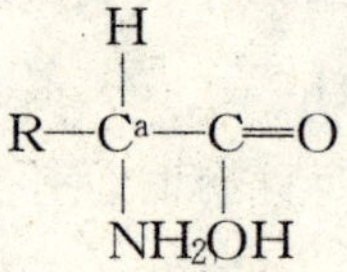

$$R—CH(NH_2)—COOH$$

活的有机体通过以无穷多种方式从至少 20 种不同的氨基酸中来组合形成聚合物(蛋白质)。形成蛋白质的反应通式如下所示。注意一个分子中的羟基团(在下面的公式中用粗体表示)和第二个分子中的氢原子(同样用粗体表示)化合形成一个水分子，并生成一个二肽，即包含了两个氨基酸片段的分子。蛋白质中氨基酸的序列被称为氨基酸的初级结构(primary structure)。

$$R—CH—NH_2—COOH + R'—CH—NH_2—COOH \longrightarrow$$
$$H_2O + R—CH—NH_2—CO—NH—CH—R'—COOH$$

一个由几百或几千个氨基酸构成的长链聚合物并不是一个令人特别感兴趣的分子，因为它不能执行蛋白质可以执行的任何功能。蛋白质之所以具有那些功能是因为一旦形成了初级结构，它们就会同时本能地呈现出若干种可能的三维形状之一。按照复杂程度递增的顺序，蛋白质所呈现的形状依次被称为次级结构(secondary structure)、三级结构(tertiary structure)，以及在某些情况下会出现的四级结构(quaternary structure)。

蛋白质中已发现的两种最常见的次级结构是如下图所示的螺旋状和折叠片状的结构。人们可能会将蛋白质的螺旋状结构与诸如许多家庭电

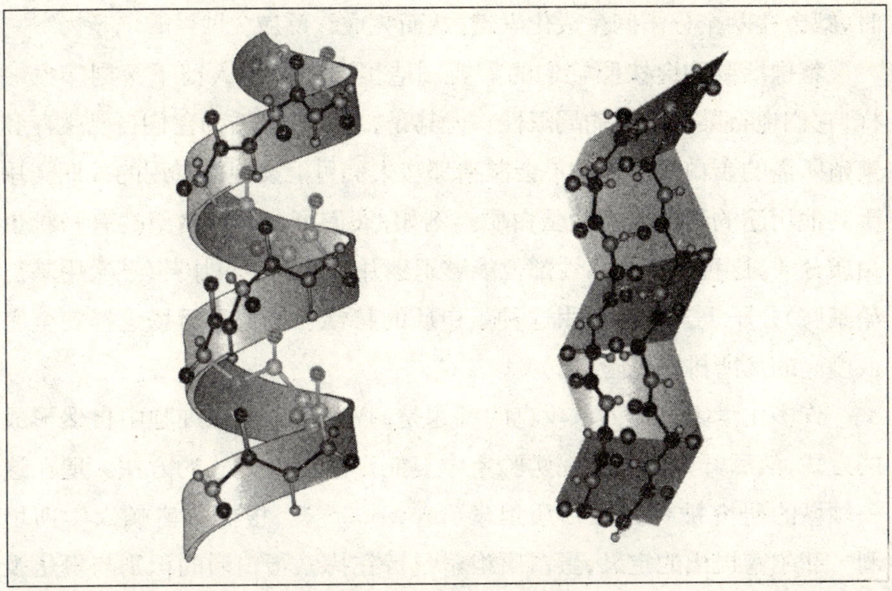

蛋白质中螺旋状和折叠片状的结构

话的螺旋形电话线相比较。当蛋白质初级结构的某一部分中的原子、离子或其他核素被该结构中另一部分带有相反电荷的其他原子、离子或核素吸引时，就会形成螺旋状或折叠片状的结构。

多数蛋白质还会呈现出更高一级的组织——三级结构。同样，三级结构的形成也是蛋白质分子中相反电荷强烈吸引力的结果，在某些情况下，这还会形成分子内部的化学键。蛋白质所呈现出的次级、三级和四级结构使得这些分子具有十分复杂的形状，其中经常会包含一些适合于执行某种特殊功能的专门区域，这种蛋白质也正是为这些特殊功能而设计的。

现在，让我们共同来探讨酶的作用与功能。酶是生化反应中作为催化剂的蛋白质。酶之所以能够起到这种作用是因为在于酶分子包含一个或多个活性部位或区域，即带有专门能够对某些特殊分子（酶作用物）起催化作用的特征性形状。假设酶的功能是将一个大分子拆散，其反应过程如下：当大分子“停靠”在酶的活性部位，激活使其自身裂开的活性部位内部或附件的某种化学机制时反应便可以完成。如果酶的功能是使两个小分子结合在一起，那么其过程是当两个小分子都定位到活性部位处时,就会在两个分子间生成化学键,从而完成该反应。

就像活细胞会按照它们的需要制造蛋白质所给人留下深刻印象一样,它们也有某些固有的局限性。尤其是,它们只制造为它们自己生存和繁殖所需的蛋白质。它们不会制造那些人们可能发现是有用的或期望用于其他用途的其他种类的蛋白质。例如,人们可能非常希望拥有一种蛋白质分子,这种分子的活性部位能够识别并结合到旋风炸药(三次甲基三硝基胺)分子上。可以利用这种蛋白质的特性在类似于机场这样安全警戒度高的场所排查危险品。

许多化学家选择力求攻克的难题是,找到蛋白质在细胞中自然形成的方式,然后开发出能够在实验室中复制那些制造方式的方法。现在这一领域的研究被称为蛋白质组学(proteomics)。根据华盛顿大学斯坦利·菲尔德提出的定义,蛋白质组学是旨在探索蛋白质的识别与量化及其定位、修饰、交互作用、活性,直至最终的功能的一门科学。当然,这类知识不但对于了解天然蛋白质如何活动具有十分必要的意义,而且对于理解如何构建它们的合成类似物以及在各种条件下它们如何起作用也是必不可少的。设计、构建和研究合成蛋白的科学有时也被称作蛋白质工程(protein engineering),通常包含以下 3 个主要方向的研究。第一,研究天然蛋白质,修改蛋白质的不同区域以观察这些变化是如何影响蛋白质功能的。其次,集中研究和分析蛋白质分子的特定部分,一个被称为寡肽(oligopeptide)的氨基酸链。因为蛋白质分子巨大,聚焦于某些具有重要功能的特定寡肽可以简化研究人员的工作。第三,还有一些研究人员更喜欢设计、构建和研究自然界中不存在的蛋白质,即完全合成的蛋白质。它们可能具有与天然蛋白质相似的功能,但也可具有全新的结构和特性。该研究领域被称为蛋白质合成的从头合成方法,来自拉丁短语“de novo”,意为“从头”。在某些方面,从头蛋白质工程是所有 3 个蛋白质研究领域中最具有挑战性的一个,因为研究对象是没有天然类似物的蛋白质,研究人员的工作要一切从零开始。

合成蛋白质的设计和构建趋于使用以下两种常用方法之一种。第一种方法,是对细菌和其他简单生物体使用遗传工程以产生通常它们本身不包含的蛋白质。例如,某种细菌作为其正常的生化功能之一是有可能会自然地产生一种能够水解葡萄糖的酶。然而,研究人员可以改变该细菌的基因组,以使其产生能够让葡萄糖发生其他种类化学变化的酶。然后他们就可以研究通过这种遗传转化方法产生的人造酶(蛋白质)。

第二种研究方法,研究人员可以根本不利用活体系统,而仅使用任何化学家都非常熟悉的化学技术来合成蛋白质。目前已经开发出许多化学合成蛋白质的技术。或许最简单而且最易操作的(但肯定不是最快的)技术是分步合成技术(stepwise synthesis)。在这一过程中,每次增加一个氨基酸到另一个氨基酸上,直到获得预期长度的氨基酸链。该技术首先由纽约洛克菲勒大学布鲁斯·梅里菲尔德研制出来的,随后他因为这一成就而获得了 1984 年诺贝尔化学奖殊荣。

梅里菲尔德的方法也被称为固相多肽合成法(solid-phase peptide synthesis,SPPS),一位研究人员通过此种方法选出一些氨基酸作为新的蛋白质的开始点,并将一个氨基酸与一种固体聚合物通过氨基酸的羧基团与聚合物中的碱性原子团反应连在一起。然后,第二个氨基酸与第一个氨基酸发生反应,导致两个残基结构的形成,被称为二肽。之后,仍然处于聚合物基部的二肽被洗脱从而移交副产物或其他外部裂化反应物,这个过程不断重复。第二步的反应生成的产物是三肽(三基化合物)。第三步反应生成的产物是四肽(四基化合物)。第四步反应生成的产物是五肽(五基化合物),等等。当产物到了预期的长度,用化学方法使第一个氨基酸键从它的载体上裂变,目的是为进一步研究释放寡肽或多肽[寡肽,这一术语是指带有少量(通常低于 12)氨基酸残基的氨基酸聚合物。多肽(polypeptide)是指带有很多,通常是数以百计甚至数以千计的氨基酸残基的氨基酸聚合物;换句话说,就是蛋白质]。

梅里菲尔德技术或许是合成化学家们可采用的人造蛋白质的最受欢迎的一种方法。然而,它也的确存在着一些缺点。例如:由于产生一种完善蛋白质需要如此多的步骤,全部过程的效率受每个单独步骤的效率影响很大。化学家们已经计算出一个在每个单独步骤 99.9%有效的系统能够形成期望产物的 90%的全部产量,但是另一个同样的每个步骤只有 97%有效的系统产生的最终产量仅为 5%。

如何在二级、三级、四级结构形成的每一个步骤中准确获得分步合成的蛋白质也是一个切实存在的问题。实际上,使蛋白质正确折叠,或者在很多例子中只是折叠,是所有蛋白质工程中最有挑战性的问题之一。瑞士最高学府——洛桑理工学院的曼弗雷德·穆特已提出蛋白质合成中这一问题的一个可行性解决办法。穆特的方法被称为模板装配合成蛋白质(TASP)方法。模板装配合成蛋白质是以某种假设为前提的,这种假设认为通过人工方法合成的蛋白质,当它们被合成时,如果能够沿着一些结构方面的指导而行,则更容易正确地折叠。目前已经开始对一定数量的化合物进行研究,将其作为与模板装配合成蛋白质方法使用的可能性指导。与固相多肽合成法一起使用的模板装配合成蛋白质技术在合成蛋白质方面取得了相当大的成功,这些蛋白质与自然产生的物质以及那些没有自然相对物的物质非常相似。

蛋白质折叠是那些工作在蛋白质工程领域的科研人员面临的所有问题中最使人灰心、最难以解决的问题之一。具有讽刺意味的是,问题并不在细胞上。一种新的蛋白质在活体系统内一合成,它就盘旋、转动直至达到一种执行其正常功能所需要的三维立体形状。化学家们知道这一过程是由蛋白质分子的各个部分(氢键、二硫化物、范德华力等)的许多可能的化学反应促成的,但是他们却没有真正理解在大多数蛋白质中实际发生的折叠所需的动力。而且如果最终那些蛋白质不能正确折叠,我们几乎不能通过固相多肽合成法和/或模板装配合成蛋白质方法设计和构造出新颖的蛋白质。所以不难想象,众多的化学家们都在花费大量的时间孜孜以求地探索蛋白质折叠的奥秘。

当然,折叠难题的解决还是存在一些线索的,化学家可以利用这些线索来促进那些新颖的蛋白质呈现出某些三维立体形状。研究人员早已知道,例如,氨基酸趋向至少分为两大类:亲水的(喜欢水的)和疏水的(厌恶水的)。当天然蛋白质呈现出某种三维形状时,它通常会通过扭曲和旋转的方式来完成,使得疏水氨基酸指向内侧,即朝向分子的中心;亲水氨基酸指向外侧,即朝向它们要占据的水溶液。如果研究人员能够以获得类似结果的方式来排列合成蛋白质的初级结构,或许折叠问题就能至少得到部分解决。

问题在于多肽如此巨大、如此复杂以至于这些设想格外难以实现。20种不同的氨基酸的任何一种可以占据多肽的每个位置,而且每种氨基酸在那个位置可以呈现许多不同的状态[被称作旋转异构体(rotamers)]。每个位置有一打这么多的可能的旋转异构体是不足为奇的。在一个大约15个氨基酸的多肽中,能够存在的不同排列顺序的数量为100 015。人们怎么能知道哪种可能很容易最终形成能执行预定任务的蛋白质呢?

在实现高速计算之前,这一问题还始终没有答案。人们完全不可能计算出所有可能的排列顺序的势能以此来找出哪些势能足够低、适合某种结构的存在,哪些足够高以至于蛋白质不能呈现一个稳定的结构。然而,自从20世纪90年代中期起,科学工作者们一直从事于许多电脑程序的设计,以此来将蛋白质可以呈现的大量可能的结构进行分类,并从能量的角度考虑决定哪些结构至少在理论上是可能的。然后,科学工作者们便利用这些计算结果来设计和构造能迎合人们需要的人造蛋白质。

这一领域最早的突破之一就是B. I. 达希亚特设计的计算机程序,然后是加州理工学院(CalTech)化学与化工部的一名研究生和加州理工学院霍华德休斯医学研究所的生物教授S. L. 梅奥。达希亚特和梅奥决定编写一个程序,这个程序能够预测自然产生的蛋白质的可能结构,被称作锌指(zinc finger)。他们选择蛋白质是因为它结构相对简单(仅包含28个氨基酸残基),但是却能够以这种方式折叠来产生人们在蛋白质中发现的3个基本结构:阿尔法螺旋、贝塔薄片和将两者连到一起的片断。

◀大卫·A. 贝克(1962—　)▶

研究人员们曾经一度认为天然母体结构提供了他们需要知道的如何合成新的蛋白质的所有或大多数线索,但是这一过于单纯的观点现在已经发生了改变。今天,科学家们知道,他们能够制造几乎数不尽的蛋白质,其中许多在自然界中根本不存在。这一领域最主要的领导人之一是华盛顿大学的霍华德休斯医学研究所的大卫·贝克。贝克的研究表明，自然界中发现的蛋白质只是所有类型的蛋白质中的少数代表。

大卫·贝克于1962年10月6日出生于美国的西雅图。中学毕业后，他进入哈佛大学，1984年获该校学士学位。然后，他又开始在加利福尼亚大学的伯克利分校开始他的博士学习，并于1989年在该校获得博士学位。贝克在加利福尼亚大学的圣弗朗西斯分校从事了3年的博士后项目研究之后，被西雅图华盛顿大学生化学院任命为助理教授。2000年，他被提升为副教授，并被任命为西雅图的霍华德休斯医学研究所的助理调查员。他现在是华盛顿大学的生化学教授、生物工程学兼职教授、基因组科学兼职教授。

贝克的主要研究兴趣一直是用计算机程序来预测蛋白质的折叠。他仅在10多年间就在这一领域撰写并与他人合作了100多篇论文，并于2003年成为第一种完全人工合成的蛋白质研究小组的领军人物。这种分子是自然界不存在的带有一种也是自然界不存在的三维立体结构的分子。这一成就被广泛公认为科学简史上蛋白质工程领域的重要突破之一。作为对他在蛋白质工程领域卓越贡献的奖励，贝克获得2002年度计算机生物学的欧文顿奖(Overton Prize)和2004年度美国前瞻研究所纳米科学技术研究领域最高奖项费曼奖(Feynman Prize)。

计算机程序需要处理的问题是庞大的。28种氨基酸残基可以按照大约2×10^{27}种不同的方式进行组合，并且所有可能的旋转异构体大约有1×10^{62}种排列。无论如何达希亚特-梅奥程序是成功的，至少是部分成功的。因为它利用了一个称为死路消除法则(DDE)的特殊程序，该程序在开始时就消除了1×10^{62}种可能性中的绝大部分，因为它们不满足一些基本的能量需求。该程序在选择出一个看似能够满足由锌指制定的需求的结构(后来被称为完整序列设计1或FSD-1)之前，仍然需要运行90多个小时。

令人惊讶的是，由完整序列设计1的计算机程序所推荐的结构与锌指自身的结构存在极大差异。前者只包含了锌指中出现的28种氨基酸中的6种，此外还包含了5种化学性质相似但并不相同的氨基酸。尽管甚至包含了一组非天然的氨基酸，完整序列设计1仍然精确地按照与锌指相同的方式折叠，得到一种满足一组预先确定了条件的人造蛋白质。

达希亚特-梅奥程序决不是设计出的用于制造人造蛋白质的唯一计算机程序。华盛顿大学霍华德休斯医学研究所的大卫·贝克研究这类程序已经超过10年了。他曾经使用其中一种名为罗塞塔的程序，来预测能够以某种预先确定方式进行折叠的蛋白质结构。2000年12月贝克及其同事们参加了在加利福尼亚的艾丝洛玛会议中心举行的第四届蛋白质结构预测技术评估(CASP4)大赛，与来自全世界大约100多个其他研究团队展开竞赛。参赛者设计的程序所产生的结构要能够匹配天然蛋白质的结构，每产生1个匹配效果“最佳”的结构可以获得2分，每产生1个匹配效果“优良”的结构可以获得1分，如果所产生的结构与天然蛋白质差别太大，则不得分。贝克的团队总共获得了31分，领先排名第二的团队8分。

几乎在3年之后，贝克及其同事论证了他们的计算机建模的实际意义。2003年11月，他们宣布合成了第一个完全人造的蛋白质，将其称为Top7。他们使用罗塞塔程序设计了一种由93个氨基酸残基构成的蛋白质，其几何结构包括2个阿尔法螺旋和5个贝塔链，该结构在其他任何蛋白质中从未见过。接着他们就在实验室中合成该蛋白质，并发现其结构与罗塞塔程序的预测极其相似。按照贝克的说法，Top7的合成打开了探索在自然界中尚未观察到的蛋白质世界广阔领域的大门。

人造蛋白质的使用价值看起来十分广泛。在某些情况下，有可能重新设计天然蛋白质使其功能更加有效。例如，多数蛋白质只在相当有限的环境条件下才能执行其正常功能，经常是在接近人体体温37℃和pH值接近于7的中性环境中。但可能会存在这样一些环境，如果这些蛋白质能够在更宽范围的温度、酸度和其他条件下发挥功能，则对于这些环境而言将是有益的。重新排列蛋白质初级序列的能力也许会使这种变化成为可能。

这类工作中的一项涉及枯草杆菌蛋白酶，由于它能够侵蚀弄脏衣服的蛋白质,因而经常被用作洗衣店清洁剂中的添加剂。然而,问题在于枯草杆菌蛋白酶很容易被清洁剂中经常使用的漂白剂所破坏。研究表明枯草杆菌蛋白酶对漂白剂反应灵敏,因为其初级结构中的一个单独的氨基酸——1个在22号位置的蛋氨酸,会被漂白剂破坏。通过用一个对漂白剂侵蚀不敏感的氨基酸替代该蛋氨酸的方法,研究人员就能够合成一种新型的不会被漂白剂降解的枯草杆菌蛋白酶,以适用于洗衣店清洁剂中。

人造蛋白质也可以应用于医学领域,模仿许多天然蛋白质的行为特征或为执行基本的生物学功能提供全新的机制。例如,研究人员希望设计出能够将药物送达到身体内特定部位以治疗特殊问题的人造蛋白质。再者可能会设计一种人造蛋白质,打开以后注入某种形式的药物,然后再被密封起来以便在患者体内释放。一旦该蛋白质到达它的体内目标器官(比如一群癌细胞),它将再次打开,向目标细胞释放出它所携带的药物。

人造蛋白质的许多应用可能会与那些天然蛋白质完全不同。人造蛋白质研究中最活跃的领域之一就是设计成传感器的人造蛋白质,这种设想比较简单。蛋白质能够被设计成像任何酶一样包含某种活性部位,构造该活性部位以识别并结合到一些非常特殊的分子上。当传感器蛋白质发现并与该分子相结合时,它可能会引发一股电流或者其他信号以通知人类。在此项研究中,活跃在蛋白质工程领域的研究人员大卫·A.特瑞已经研制出一种工程形态的磷酸三酯酶,这种酶是在假单胞菌缘虫(Pseudomonas dimuta)细菌中发现的,它能够检测有机磷家族中的杀虫剂以及化学战中使用的多种制剂。这种蛋白质被连接到电极或光纤上,通过它们来发出已检测到可疑分子的讯息。

化学家们长久以来一直钦佩细胞的这种制造大量复杂的并且能够执行许多复杂生化功能的蛋白质的能力。长期以来,化学家们的主要目标就是学习细胞如何完成这一任务,并在实验室中复制这些过程。最近几年,研究人员已经远远超越了这个挑战,发现了不仅能够制造天然蛋白质而且能够制造部分或全部人造的蛋白质的方法。该研究导致了非常特殊的分子的产生,这些分子被设计出可以执行医疗应用上的精确功能。因此,与其他诸如纳米技术、智能材料等材料科学领域一样,人造蛋白质的许多初期应用也是在医学领域中。迄今为止,尚无使用人造蛋白质的产品被批准用于人体。不过,许多新产品正在实验动物样本上进行测试。如同本章中描述的其他新材料一样,人造蛋白质对于改变和改善人类的健康和生活具有巨大的潜力。

结　语

人们很容易低估岩石、石头、泥土和大块的铁的价值。我们的地表蕴藏了丰富的这些材料，而且已被人类利用了数千年，用来盖房子、制造工具、厨房器皿和日常生活所需的其他物品。从地面重新获得这些材料的任务以及学习如何把它们制成有用的形式似乎是一项单调而乏味的活动。有任何主动性、想象力和雄心壮志的人，谁会想成为一名材料科学家呢？

今天，这一问题的答案是"许多人"。在过去的几十年间，对天然的和人造材料的研究已发生如此令人瞩目的变化，以至于化学科学领域的一些最激动人心的研究现在就发生在材料科学领域。在某些方面，材料科学取得的最令人惊讶的成就之一就是合成物研究领域，这种化合物大概是人类用于建筑的最古老的材料。科学家们获悉那些令人厌倦的诸如石头和泥土等材料能够以很多种方式，通过使用一些人造材料重新塑形，产生比那些在自然界发现或者那些历史上开发的物质具有更好的物理和化学属性的产品。

生物材料是研究人员寻找到改善我们周围世界的自然物质的另一个领域，这一次是活的有机体领域。大自然已经在材料设计方面做了无与伦比的工作，这些材料需要执行活的有机体为了存活、为了保持健康和成功繁殖而执行的大批量的任务。但是这些自然界已经通过进化产生的化合物和结构并不够完美，也不能满足活的有机体的每种需求。细胞变老、患病，也就是说，如果要保证一个有机体生存，细胞就丧失了发挥必要功能的能力。因此,人类的研究人员面临着一个挑战,学习活的有机体是如何产生它们正确有效运转所需要的化学物质,然后改善自然界发展的材料和技术。科学家们已经成功地应对这一挑战,制造出人造的细胞、皮肤、骨骼、血管和其他身体部位,这些部位能够用来代替损伤或患病的组织和器官,并延长人类生命。

对于一些研究人员来说,今天材料科学中最激动人心的领域包括纳米技术的研究。在许多方面,物质的归类方式及其发挥功能的方式之根本奥秘仅仅通过看这个物质是由哪些原子和哪些分子制成的就能被解开。就在 20 世纪 80 年代,人类能够通过完成这些研究来"看"并利用个别原子和分子的想法原本似乎是空想,但是科学家们已经表示情况不是这样的。他们已经开发出一些需要从原子水平研究的越来越有效的工具和技术,为未来的研究人员以前所未有的方式构造新的材料提供了机会,也使科幻小说中描写的材料变成现实。

像纳米材料可能会令许多研究人员激动一样,智能材料可能会呈现更美好的未来。智能材料由于具有能感觉到其周围环境变化、分析这些变化,然后作出适当反应的能力,而具有一些与"生命相关"的基本性质。这些智能材料有一天会和那些有生命的材料的功能如此相似,以至于"有生命"与"无生命"的区别变得不再清晰了吗?随着这些智能材料变得越发智能,人们提出这种疑惑。

最后,科学家们已经表示那种想象中的研究能够恢复和再生那些人造材料领域中的"旧"的、"令人讨厌的"的东西(如塑料),就像它能恢复和再生成像石头和泥土这样的天然材料一样。尽管在上半个世纪,聚合物(如石头和泥土)给人类生活带来了巨大的影响,但它们已成为日常生活中如此普通和平常的部分,以至于几乎无人再认真地考虑它们。但是聚合物科学领域的新发展已经开始改变这一情形。今天,科学家们正开始学习许多新型聚合物,如传导聚合物、树状聚合物和超高支聚合物以及人造蛋白,这些东西在日常生活中的应用很难恭维。

在某些方面,几千年的材料进化是人类社会本身进化的最清晰的一面镜子。从出现第一位能够将岩石制成有用工具的人那天开始算起，人们已经在不断地学习大自然为我们提供的有关材料的更多知识，学习那些材料的使用和运用的方式，学习人们可以再向前迈一步制造新的更好的材料的方法。

译者感言

新材料化学一书是我们受上海科学技术文献出版社委托翻译的新化学丛书中的一本。这本书面向中学生和对化学具有浓厚兴趣的读者，讲述了复合材料、生物材料、智能材料、聚合物等等这些材料学研究领域的最新变革，并探索这些重大成就对文明已经产生的和即将产生的影响，全面概述了在新材料领域的最新创新，涵盖了从日常生活用品到药品再到家居旅游的安全装置的各个方面。与此同时，书中还对材料化学领域杰出科学家的生平辅以简要介绍，为读者更好地理解书中的内容提供了帮助。

如此广博的内容和尖端的研究成果着实为我们的翻译工作增加了很大的难度。在全体译者的共同努力下，承担繁重教学压力的同时顺利圆满地完成了书稿的翻译和审校工作，个中辛苦自知。所有译者在翻译过程中兢兢业业地把原著认真拜读了数遍，对原著进行了细致的剖析，力求对每一句话都能够清楚其含义，理解其精髓。在每翻译完一章时，认真阅读译稿，提出修改意见，在斟酌之后进行修改，如此迭代若干次，力求准确地表达出原作中精辟的语句。所有译者严谨、认真负责的治学、译书态度与本书作者精益求精的风格不谋而合，使本书中文版与英文版一脉相承，浑然天成。

本书共分为6章，由吴娜、白薇、张永霞、常琳、袁雪梅、王薇共同翻译完成。吴娜、白薇负责全部书稿的统稿、校定。在本书的翻译过程中得到了刘淑华和马晶两位老师的悉心指导。他们用严谨的态度和深厚的学识把握译稿风格，在此致以真诚的谢意。衷心感谢上海科学技术文献出版社的编辑对译稿所作的大量编译和审校工作，没有他们的辛劳工作，难以在有限的时间内完成此书的创作。在翻译过程中我们得到了化学专业人士田冬梅、康艳红和董艳杰3位老师在专业领域的悉心指导，在此表示衷心感谢。感谢刘会学在译稿翻译过程中在电脑文字技术处理上的鼎力相助，有效提高了工作效率。感谢译者的家人张发新、王志华、张华栋、刘振旭、盖剑峰对译者工作的全力支持和充分理解。

译稿翻译过程中获悉一位挚爱师长的过早离世，欷歔之余不免感叹生命的脆弱与无力，更觉身上重担在肩，这份责任来自对社会、对家人、对自我的一份承诺。珍视生命、努力工作，所有译者与您共勉。

吴娜　白薇

2008年3月于沈阳师范大学